中等职业教育课程改革国家规划新教材
全国中等职业教育教材审定委员会审定

供中职护理、助产、医学检验技术、口腔修复工艺、医学影像技术、眼视光与配镜、营养与保健、美容美体等专业使用

化　学

（医药卫生类）

第 3 版

HUA　XUE

主　编　丁宏伟

副主编　侯晓红　李　勤　张春梅

编　者　（按姓氏汉语拼音排序）

丁宏伟（安徽省淮南卫生学校）

冯文静（吕梁市卫生学校）

郭　敏（西安市卫生学校）

侯晓红（太原市卫生学校）

李　勤（重庆市医药卫生学校）

栗　源（包头市卫生学校）

陆　梅（安徽省淮南卫生学校）

罗海洋（新疆巴音郭楞蒙古自治州卫生学校）

瞿川岚（四川省宜宾卫生学校）

舒　雷（云南省临沧卫生学校）

张春梅（秦皇岛市卫生学校）

张自悟（首都医科大学附属卫生学校）

科　学　出　版　社

北　京

内 容 简 介

本书经全国中等职业教育教材审定委员会审定为中等职业教育课程改革国家规划新教材，也是全国中等职业教育数字化课程建设规划教材之一。本书在《化学（第2版）》教材的基础上设置了"学习重点""学习检测""知识链接""本章知识点总结""自测题"等模块，便于学生掌握重要知识点、随堂测验、扩展知识面、复习本章所学知识及自我检测学习效果。学生可通过中科云教育平台，快速实现图片、音频、视频、3D模型等多种形式教学资源的共享。

本书可供中职护理、助产、医学检验技术、口腔修复工艺、医学影像技术、眼视光与配镜、营养与保健、美容美体等专业使用。

图书在版编目（CIP）数据

化学：医药卫生类 / 丁宏伟主编. —3 版. —北京：科学出版社，2018.6
中等职业教育课程改革国家规划新教材
ISBN 978-7-03-055914-2

Ⅰ. 化…　Ⅱ. 丁…　Ⅲ. 化学-中等专业学校-教材　Ⅳ. O6

中国版本图书馆 CIP 数据核字（2017）第 308342 号

责任编辑：张立丽　李丽娇 / 责任校对：贾娜娜
责任印制：李　彤 / 封面设计：铭轩堂

科 学 出 版 社 出版
北京东黄城根北街 16 号
邮政编码：100717
http://www.sciencep.com

北京盛通商印快线网络科技有限公司 印刷
科学出版社发行　各地新华书店经销
*

2009 年 6 月第 一 版　开本：787×1092　1/16
2018 年 6 月第 三 版　印张：11 1/4
2022 年 8 月第二十次印刷　字数：273 000

定价：32.80 元
（如有印装质量问题，我社负责调换）

中等职业教育数字化课程建设教材

中等职业教育数字化课程建设教材

党的十九大对优先发展教育事业，加快教育现代化，办好人民满意的教育做出了部署，对发展职业教育提出了新的要求——完善职业教育和培训体系，加快实现职业教育的现代化，深化体制机制改革，加强师德建设，深化产教融合、校企合作，提升职业教育开放水平和影响力。为我国新时代职业教育和继续教育指明了方向，明确了任务。

科学出版社深入贯彻党的十九大精神，积极落实教育部最新《中等职业学校专业教学标准（试行）》要求，并结合我国医药类职业院校当前的教学需求，组织全国多家医药职业院校编写了中等职业教育数字化课程建设教材。本套教材具有以下特点。

1. 新形态教材　本套教材是以纸质教材为核心，通过互联网尤其是移动互联网，将各类教学资源与纸质教材相融合的一种教材建设的新形态。读者可通过中科云教育平台，快速实现图片、音频、视频、3D 模型等多种形式教学资源的共享，并可在线浏览重点、考点及对应习题，促进教学活动的高效开展。

2. 对接岗位需求　本套教材中依据科目的需要，增设了大量的案例和实训、实验及护理操作视频，以期让学生尽早了解护理工作内容，培养学生学习兴趣和岗位适应能力。教材中知识链接的设置，旨在扩大学生知识面，鼓励学生探索钻研专业知识，不断进步，更好地对接岗位需求。

3. 切合护考大纲　本套教材紧扣最新"国家护士执业资格考试大纲"的相关标准，清晰标注考点，并针对每个考点配以试题及相应解析，便于学生巩固所学知识，及早与护考接轨，适应护理职业岗位需求。

《化学（第 3 版）》经全国中等职业教育教材审定委员会审定为中等职业教育课程改革国家规划新教材，也是全国中等职业教育数字化课程建设规划教材之一，按照本套教材统一要求编写。本书对《化学（第 2 版）》教材进行了大幅度的修订。《化学（第 3 版）》教材进一步体现了先进性、思想性、科学性、启发性和适用性，特别突出基础理论、基本知识和基本技能，力求体现职业教育特色，更加贴近社会、贴近岗位、贴近学生。

教材依据中等卫生职业教育人才培养目标，在编写体例和内容上进行了创新性改革，旨在进一步提高学生的思想道德品质、文化科学知识，培养学生的创新精神、实践能力、终身学习能力和适应社会生活能力，促进学生的全面发展。

鉴于近年来学生文化课基础较弱，本次修订适当降低了难度。教材编写基本做到了基本理论和基础知识选材适当、知识结构合理、内容简洁实用、语言文字流畅，可以较好地满足中职护理专业和相关专业教学需要。

在编写体例上，教材设置了"学习重点""学习检测""知识链接""本章知识点总结"等模块。"学习重点"便于学生掌握重要知识点；"学习检测"是在每个重要知识点后插入紧扣该知识点的若干检测题，有利于教师提问、学生及时练习或思考讨论；"知识链接"

主要介绍与教材相关的内容或联系实际的知识，作为对正文的补充和延伸，扩大学生知识面；"本章知识点总结"系统归纳整理该章知识点和知识内容并采用表格列出，一目了然，有助于学生复习和掌握该章的知识点和知识内容。书后附有各章自测题参考答案，有利于学生自我检测学习效果。

教材按 72 学时编写，考虑到各校和各专业化学教学时数和教学内容有一定差别，特此提供了 72 学时和 54 学时两套教学分配方案。各校教师在使用时，可根据本校化学教学具体情况酌情选用教材内容。

本教材配套编写的《化学学习指导与实验（第 2 版）》由两部分构成。化学学习指导以节为单元，分为五个结构模块：学习目标导航、学习重点与难点、相关知识链接、教材内容精解、学习目标检测。其中"相关知识链接"通过整理复习，使学生所学知识系统化、网络化，提高学生归纳整理知识的能力和综合解决问题的能力，使学生养成回顾与反思的习惯。"教材内容精解"是对教材中新学内容知识要点的精要讲解，做到精准透彻，帮助学生梳理知识脉络、理解知识、掌握基础知识。化学实验部分根据教材的内容和进度同步编写了八个化学实验，用于化学实践教学。

本教材实行主编负责制，按照分工编写、副主编初审、主编修改统稿的原则进行。教材在编写过程中得到了各编者所在学校的大力支持，在此表示衷心感谢！对本书所引用的参考资料作者及编者表示深深谢意！

本次修订，全体编者做了很大努力，力争使本教材成为精品教材。但限于编者水平，书中难免有疏漏和不妥之处，敬请广大教师和教学研究人员在教材的使用过程中提出意见和建议，以便修订完善。

编　者

2018 年 2 月

目 录 MU LU

绪　　论

📖**学习重点**

1. 化学研究的对象。
2. 化学与医学的关系。
3. 科学的学习方法。

一、化学研究的对象

我们周围有各种形形色色、丰富多彩的物质，人类生活质量的提高是以物质的极大丰富和多样化为前提的。由于自然界所能直接提供的物质品种和数量无法满足人类不断增长的各种需求，所以人类从古到今改造原有物质和制造新物质的工作从没有停止过。对物质的开发和研究极大地促进了化学的发展。

各种物质为什么会有不同的性质？物质是如何组成和形成的？不同的物质为什么会发生不同的变化？生活中有大量类似的问题，有关物质及其变化的问题通过学习化学可以得到初步的答案，因为化学研究的对象是各种类型的物质，**化学是研究物质的组成、结构、性质及变化规律的基础自然科学**。

化学是一门充满神奇色彩的科学，通过探索原子、分子、离子等极小粒子的特征和行为，从而认识整个物质世界。学习化学，了解化学变化的原理，可以明白许多化学现象，控制化学变化。掌握化学的基本原理，不仅能提炼出自然界原来存在的物质，如从石油中提炼出汽油、煤油和柴油等；还能制造出大量自然界中没有的物质，如通过石油制造出各种塑料、合成橡胶、合成纤维、药品、洗涤剂等。化学还能够帮助人们研究生命现象、研制新的材料、合理利用资源、防止污染保护环境、促进人体健康等。

化学是一门充满活力的科学，化学学科发展迅速。由于研究的范围日趋广泛，依据其研究对象和范围的不同，现代化学分为无机化学、有机化学、分析化学、物理化学、生物化学、药物化学等二级学科。本教材主要学习和讨论无机化学及有机化学。无机化学是研究无机物的组成、结构、性质和变化规律的化学。有机化学是研究碳氢化合物及其衍生物的化学。

二、化学发展简史

化学学科历史悠久，化学的发展经历了古代、近代和现代等不同的时期。古代化学的发展是以实用为目的，大量的化学知识是具体工艺过程的经验总结，主要是炼丹术、炼金术和医药化学的萌芽。人类因为掌握了火的应用，生活上开始以熟食为主，火也同时为烧制陶器、染色、酿造、冶炼青铜器及铁器等一系列化学变化提供了条件。古代中国产生了阴阳五行学说，认为宇宙万物是由金、木、水、火、土五种基本物质组合形成的，这是元素概念的萌芽。近代随着资本主义工业革命的爆发，生产迅猛发展，大规模制酸、制碱、合成氨工业、染料工业等推动了化学工业的发展，积累了物质变化众多的实践知识，同时化学在理论上突飞猛进。1811 年阿伏伽德罗提出了分子假说；1827 年道尔顿建立了原子论；1869 年门捷列夫发现了元素周期律，周期律与原子分子学说相结合，形成了化学的理论体系。19 世纪末进入了现代化学发展时期，X 射线、放射性和电子的三大发现证实了原子、原子核和核外电子的存在，使化学家可以从微观的层次深入研究物质的性质和化学变化的根本原因。化学的理论、研究方法、实验技术及化学应用等方面都发生了深刻变化。在原子核模型的建立、高度准确光谱实验数据的获得、辐射实验现象及光电效应的发现等基础上建立的现代物质结构理论，使化学对物质的研究深入到原子、分子水平的微观领域。与此同时，化学与其他学科之间的相互渗透，使化学研究的范围更加广泛，从而形成了生物化学、环境化学、核化学、高分子化学、材料化学、元素有机化学、药物化学等众多分支学科。

我国是世界上具有悠久文明的国家，古代中国发明了造纸、制火药、烧瓷器等化学工艺，对世界文明做出过巨大贡献。我国商代就制造出精美的青铜器，春秋战国时期就能冶铁和炼钢。我国古代的一些书籍很早就有化学知识的记载，如著名医药学家李时珍的著作《本草纲目》中，记载了许多有关化学鉴定的试验方法。中华人民共和国成立后，我国的化学工业和化学理论研究等方面都取得了世人瞩目的成就。1965 年我国科技工作者合成了结晶牛胰岛素，这是人类历史上首次用人工方法合成的具有生物活性的蛋白质。20 世纪 80 年代，又在世界上首次用化学方法合成了一种具有与天然分子相同的化学结构和完整生物活性的核糖核酸，为人类探索生命奥秘做出了贡献。此外，我国还人工合成了许多结构复杂的天然有机化合物，如叶绿素、血红素、维生素及一些特效药物等。

三、化学与医学的关系

化学与医学和护理学有十分密切的关系，**化学对医学类专业的学生来说，不仅是一门普通的文化课，而且是一门重要的专业基础课**。医学研究的主要对象是人体，人体内各类组织主要是由蛋白质、脂肪、糖类、无机盐和水等相关化学物质组成，含有数十种化学元素构成的上万种物质，在人体中时刻都存在化学反应的发生、能量的转化以维持人的生命进程，当人体内的化学变化出现不良的反应时就会产生病理现象，这就需要依靠医学去解除。医学的重要任务之一是预防疾病，在疾病预防时离不开化学，如环境的检测、消毒剂的使用等。血液、尿样、粪便等成分的化验更与化学知识关系密切，通过化验可查出人体的异常。在疾病治疗时，药物的结构、性质、应用的鉴定及合成，新药的研发与生产，都依赖丰富的化学知识来解决。放射性同位素在医学中的广泛应用，临床治疗中使用的人造器官、人造皮肤、人造血液、人造血管等先进医疗方法不断取得新进展，更是化学与医学密切联系的结果。

在化学为医学的发展提供理论基础和必要前提的同时，医学也在化学发展的过程中起到了非同寻常的作用，医学的水平在某种程度上体现了化学的发展状况。医学在发展中遇到的任何新的临床问题对医学、化学乃至所有的科学技术提出了更高层次的要求，并大大促进了化学的进步。因此，要想成为一名合格的医务工作者，需要努力掌握充分的化学知识。

四、学习化学的方法

要学好化学提高学习成绩，应努力做到以下三点。**一要培养浓厚的学习兴趣**。只有对学习产生兴趣，自觉地进入学习状态，才能取得较好的成绩。要把学习兴趣与理想和奋斗目标结合起来。一方面要使自己的理想具有明确的近期目标，从而脚踏实地完成当前的各项学习任务；另一方面要使自己的理想具有远大目标，从而执著地追求人生的未来。这样学习兴趣就会越来越浓，最终实现从"苦学"到"乐学"的转变。**二要养成良好的学习习惯**。要合理利用时间，注意"专心、用心、恒心"等基本素质的培养，要养成计划学习的习惯、专时专用讲求效益的习惯、认真观察独立钻研的习惯、主动学习善于思考的习惯、合理把握学习过程的习惯等。**三要掌握科学的学习方法**。科学的学习方法一般包括制订计划、课前预习、专心上课、及时复习、独立作业、解决疑难、系统小结、课外学习八个环节。只有掌握良好的学习方法，才能最大限度地发挥学习的主动性，高效率地培养和发展自学能力，高质量地掌握基础知识和基本技能，从而全面开拓智力，成为学习的主人。

学习化学不仅要注重化学实验的作用，掌握化学基本知识、基本理论和基本技能，还要重视训练科学方法，提高分析问题和解决问题的能力。学习时要把学习化学理论与社会、生活、生产等实际紧密联系，细心观察，要善于发现和提出问题。除了学习教材中的内容外，还应多阅读课外读物，培养自学能力，以获取更多的知识。化学世界奥妙无穷，只要积极主动，努力培养学化学的兴趣，养成良好的学习习惯，掌握适合于自己的科学学习方法，就一定能学好化学课程，为学习后续医学课程打下坚实的基础。

知识链接

化学与生活

由于地球上物质不均衡的分布和资源的过度开发，特别是新物质种类和数量的急速增加，已远远超过自然界自我调节能力，地球上的环境污染问题日趋严重。只有化学才能担负既能满足人类物质生活不断提高，又能防止环境问题的产生和恶化的要求，从而导致绿色化学的提出。绿色化学倡导物质生产与消费应当与人类社会可持续发展所需的物质环境相适应。

关心人类生活，包括预防和治疗疾病是化学的一项重要任务。人类寻找和研制药物的实践活动，可以追溯到远古时代。由于病原体的种类和特性能够随时间的推移而不断变异繁衍，因此研制和发明新药的工作一直是化学研究和开发工作中的热门课题。但是过分依赖药物而忽视增强人体自身免疫的倾向是错误的，青少年应该依靠科学的体育锻炼、合理的饮食和健康的生活习惯，持续增强自身免疫力。通过学习化学与生活知识，可以增加许多关于营养和保健的常识。

自测题

一、名词解释

1. 无机化学　2. 有机化学

二、填空题

1. 现代化学分为_____、_____、_____、

_____、_____、_____等二级学科。

2. 化学的发展经历了_____、_____和_____等不同的时期。

3. 1811 年阿伏伽德罗_____，1827 年道尔顿_____，1869 年门捷列夫_____，周期律与原子分子学说相结合，形成了化学的理论体系。

4. 化学对医学类专业的学生来说，不仅是一门_____，而且是一门_____。

三、简答题

1. 化学研究的对象有哪些？

2. 学好化学提高学习成绩，要努力做到哪三点？

3. 科学的学习方法包括哪八个环节？

（丁宏伟）

卤　素

1. 氯原子的结构和氯气的组成。
2. 氯气的化学性质。
3. 卤素的原子结构及其单质的化学性质。
4. 卤素离子的检验。

元素周期表的ⅦA族元素，包括氟（F）、氯（Cl）、溴（Br）、碘（I）、砹（At）五种元素。这五种元素的原子结构相似，最外电子层上都有 7 个电子，它们的化学性质相似，称为卤族元素，简称卤素。卤素的希腊原文含义是"成盐的元素"，因为该族元素的离子易与金属元素化合生成典型的盐，如氯化钠、氯化钾、碘化钾等。

卤素是非金属性最强的一族元素，整族元素都是典型的非金属元素，单质的化学活动性较强，在自然界卤素不可能以游离态形式存在，而是以稳定的金属卤化物的形式存在。卤素在自然界中分布很广，如氯常以 $NaCl$、KCl、$MgCl_2$ 等氯化物的形式存在于海水、盐井、岩盐中；溴化物常与氯化物共存，但含量较少；碘主要存在于海带、海藻中；砹是放射性元素，在自然界中含量极少。

卤素及其化合物在临床医学中有重要作用，如氟和碘是人体必需的微量元素；氯在胃液中以盐酸的形式存在；溴以化合物形式存在于脑下垂体的内分泌腺中；碘存在于甲状腺内等。本章主要介绍氟、氯、溴、碘及它们的化合物。

第1节　氯　　气

一、氯气的组成和氯原子的结构

氯气分子是由两个氯原子以共价键形成的双原子分子，分子式为 Cl_2。

氯原子的核电荷数为 17，原子结构示意图为 $(+17)\ 2\ 8\ 7$，最外层电子数为 7。氯元素是活泼的非金属元素，在化学反应中，氯原子很容易得到 1 个电子，使最外电子层达到 8 个电子的稳定结构，形成 –1 价阴离子。

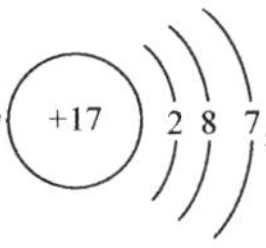

1-1　画出氯原子的原子结构示意图，说出氯原子活泼的原因。

1-2　写出氯气的分子式。

1-3　标出 Cl_2、$NaCl$、HCl、$HClO$ 中氯元素的化合价。

二、氯气的性质

（一）氯气的物理性质

氯气在通常情况下呈黄绿色，密度比空气大，易液化，能溶于水，常温下 1 体积水能溶解 2 体积的氯气，氯气溶于水称为氯水。

氯气有毒，有强烈的刺激性气味。空气中含有约 0.01% 的氯气时就会使人中毒，吸入少量氯气会使鼻、喉等黏膜受到刺激而发炎，吸入大量氯气会中毒致死。在实验室嗅闻氯气的气味时，应用手轻轻在氯气瓶口扇动，使极少量氯气飘进鼻孔。保管和使用氯气时要十分小心。

氯气用途广泛，是制取盐酸、炸药、农药、漂白粉、有机染料和有机溶剂的重要化工原料。

（二）氯气的化学性质

氯气是化学性质很活泼的非金属单质，具有较强的氧化性，能与多种金属、非金属直接化合，还能与水、碱等化合物反应。

1. 与金属的反应

氯气在一定条件下几乎能与所有的金属直接化合，生成金属卤化物。例如，金属钠点燃时能在氯气中剧烈燃烧，生成白色氯化钠晶体。

$$2Na + Cl_2 \xrightarrow{\text{点燃}} 2NaCl（白色晶体）$$

铁在氯气中燃烧，生成棕色的氯化铁晶体。

$$2Fe + 3Cl_2 \xrightarrow{\text{点燃}} 2FeCl_3（棕色晶体）$$

但干燥的氯气在常温下不与铁反应，因此可用钢瓶储存液氯。

2. 与非金属的反应

在一定条件下，氯气能与氢气、磷等非金属反应，与硫的化合比较困难，与氧、氮、碳等非金属不能直接化合。

例如，氯气与氢气在常温无光照的条件下混合，反应缓慢，如果用强光照射氢气和氯气的混合气体时，会迅速化合并发生爆炸，生成氯化氢气体。

$$H_2 + Cl_2 \xrightarrow{\text{光照或点燃}} 2HCl$$

反应生成的氯化氢气体，在空气中与水结合，呈现雾状。氯化氢气体极易溶于水，0℃时 1 体积水能溶解 500 体积的氯化氢。氯化氢的水溶液称为氢氯酸，俗称盐酸，盐酸的酸性很强，在人体的胃液中含有极少量的盐酸，其是消化食物所必需的。

　　由氯气与金属、氯气与非金属的反应说明，燃烧不一定要有氧气参加，任何发光发热的化学反应，都可以称为燃烧。

　　3. 与水的反应

　　氯气溶解于水，氯气的水溶液称为**氯水**，氯水因溶有氯气而呈黄绿色，溶解的氯气少部分与水缓慢反应，生成盐酸和次氯酸。

$$Cl_2 + H_2O \xlongequal{\quad} HClO + HCl$$
$$次氯酸$$

　　次氯酸是一种强氧化剂，能杀死水里的细菌，所以自来水常用氯气来杀菌消毒（1L 水中通入约 0.002g Cl_2）。次氯酸的强氧化性还可以使某些染料和有机色素褪色，可用作棉、麻和纸张的漂白剂。

　　【演示实验 1-1】取干燥的和润湿的布条各一条，分别放入两个集气瓶中，然后通入氯气，观察发生的现象。

　　可以观察到，干燥的布条没有褪色，而润湿的布条却褪色了。原因是起漂白作用的不是氯气本身，而是氯气与水反应生成的次氯酸，次氯酸不稳定，见光易分解放出氧气。

$$2HClO \xlongequal{光照} 2HCl + O_2\uparrow$$

　　因此，新制的氯水中含有生成的次氯酸具有漂白和杀菌作用，久置的氯水中次氯酸分解完毕就没有这种作用。

　　4. 与碱的反应

　　氯气与碱反应，生成次氯酸盐、金属卤化物和水。

$$2NaOH + Cl_2 \xlongequal{\quad} NaClO + NaCl + H_2O$$
$$次氯酸钠$$

　　由于次氯酸盐比次氯酸稳定，容易储运。经常使用的漂白粉是通过氯气和熟石灰作用制取的。

$$2Ca(OH)_2 + 2Cl_2 \xlongequal{\quad} Ca(ClO)_2 + CaCl_2 + 2H_2O$$
$$次氯酸钙$$

　　漂白粉是次氯酸钙和氯化钙的混合物，有效成分是次氯酸钙（又称漂白精），漂白粉之所以有漂白作用是因为次氯酸钙具有强氧化性，遇到水、酸或空气中的水蒸气容易发生反应生成次氯酸。所以漂白粉和氯气的漂白原理相似。

$$Ca(ClO)_2 + CO_2 + H_2O \xlongequal{\quad} CaCO_3\downarrow + 2HClO$$

$$Ca(ClO)_2 + 2HCl \xlongequal{\quad} CaCl_2 + 2HClO$$

　　漂白粉不仅用于棉、麻、纸浆的漂白，还广泛用于饮用水、游泳池、厕所等的杀菌消毒。漂白粉的保存要密封，防止与空气接触而变质。

📖学习检测

　　1-4　实验室如何嗅闻氯气？

　　1-5　次氯酸有哪些作用？久置的氯水为什么没有杀菌消毒作用？

　　1-6　简述漂白粉的漂白原理。漂白粉有哪些用途？

知识链接

自来水的消毒

　　水是人和一切生物生存所必需的物质。饮用水的水质关系到人体的健康，自来水的消毒处理非常重要。目前我国自来水消毒大多采用氯化法，公共给水氯化的主要目的就是防止水传播疾病，这种方法推广至今有100多年的历史，具有较完善的生产技术和设备。氯气用于自来水消毒具有消毒效果好、费用较低、几乎没有有害物质的优点。

　　氯气溶于水，与水反应生成次氯酸和盐酸，在整个消毒过程中起主要作用的是次氯酸。对产生臭味的无机物来说，它能将其彻底氧化消毒；对于有生命的天然物质如水藻、细菌而言，它能穿透细胞壁，氧化其酶系统使其失去活性，使细菌的生命活动受到障碍而死亡。次氯酸本身接近中性，容易接近细菌体而显示出良好的灭菌效果，所以氯气消毒效果较好。

第2节　卤族元素

　　卤素中的氟、溴、碘在原子结构和化学性质上与氯有相似的地方，但又有差别，因此把它们合并起来讨论。

一、卤素的原子结构及单质的物理性质

　　卤素在自然界都以化合态存在，它们的单质可以人工制得，卤素单质都是双原子分子。卤素的原子结构及单质的物理性质见表 1-1。

表 1-1　卤素原子结构及单质的物理性质

元素名称	元素符号	核电荷数	原子结构示意图	单质分子式	单质颜色及状态	密度（常温）$\rho/(g/cm^3)$	沸点 $t/℃$	熔点 $t/℃$	溶解度（常温100g水）
氟	F	9	(+9) 2 7	F_2	淡黄色气体	1.69×10^{-3}	−188.1	−219.6	反应
氯	Cl	17	(+17) 2 8 7	Cl_2	黄绿色气体	3.21×10^{-3}	−34.6	−101	$226cm^3$
溴	Br	35	(+35) 2 8 18 7	Br_2	红棕色液体	3.119	58.78	−7.2	4.17g
碘	I	53	(+53) 2 8 18 18 7	I_2	紫黑色固体	4.93	184.4	113.5	0.029g

从表 1-1 中看出，在原子结构上，相同之处是卤素原子最外层都有 7 个电子；不同之处是从氟到碘，随着核电荷数的增加，电子层数依次增加，原子半径也依次增大。

卤素单质的物理性质有较大差别，但存在一定的递变规律，随着原子序数的递增，卤素单质状态从气态至液态再到固态；颜色逐渐加深；密度逐渐增大；沸点和熔点逐渐升高；水中的溶解度逐渐减小。例如，溴和碘虽能溶于水，但溶解度较小，更易溶于酒精、汽油、四氯化碳等有机溶剂。

卤素单质都具有刺激性气味和毒性，吸入它们的气体，会引起咽喉和鼻腔黏膜的炎症；液态溴易挥发成溴蒸气，需密封保存；碘易升华，可用来分离提纯单质碘。

 学习检测

> 1-7　卤素原子结构有哪些共同点和不同点？
> 1-8　写出各卤素单质的分子式。

二、卤素单质的化学性质

卤素单质都是活泼的非金属，化学性质同氯相似，能与金属、非金属、水、碱等物质发生反应。

（一）与金属的反应

卤素单质与金属反应均生成金属卤化物，在金属卤化物中卤素的化合价均为 -1 价。反应的剧烈程度按卤素单质 F_2、Cl_2、Br_2、I_2 的顺序依次递减。生成物金属卤化物的稳定性随着氟化物、氯化物、溴化物、碘化物的顺序依次递减。

（二）与氢气的反应

卤素单质都能与氢气化合生成卤化氢，但反应的条件明显不同，见表 1-2。

表 1-2　卤素单质与氢气反应性质的比较

单质	反应方程式	条件及现象	气态氢化物稳定性	氢化物水溶液的酸性
F_2	$F_2 + H_2 \xrightarrow{\text{黑暗}} 2HF$	暗处，爆炸	很稳定	氢氟酸（弱酸）
Cl_2	$Cl_2 + H_2 \xrightarrow{\text{光照}} 2HCl$	光照或加热，爆炸	稳定	盐酸（强酸）
Br_2	$Br_2 + H_2 \xrightarrow{\text{高温}} 2HBr$	高温，缓慢化合	较稳定	氢溴酸（强酸）
I_2	$I_2 + H_2 \xrightarrow{\text{高温}} 2HI$	高温，缓慢化合，可逆	不稳定	氢碘酸（强酸）

从表 1-2 可以看出：反应的剧烈程度按氟、氯、溴、碘的顺序依次减弱；生成气态氢化物的稳定性按氟化氢、氯化氢、溴化氢、碘化氢的顺序也依次减弱；生成的氢化物水溶液呈酸性，但其酸性则按氢氟酸、盐酸、氢溴酸、氢碘酸的顺序依次增强。

（三）与水的反应

氟、溴、碘也和氯一样，能与水发生反应，但反应的程度有差别。例如，氟气与水剧烈反应，生成氟化氢和氧气：

$$2F_2 + 2H_2O = 4HF + O_2\uparrow$$

Br_2、I_2 与水的反应与氯相似但比较微弱。反应能力按 F_2、Cl_2、Br_2、I_2 的顺序递减。

（四）与碱的反应

卤素单质与碱溶液发生反应，生成卤化物、次卤酸盐和水。次卤酸盐不稳定，会缓慢转化生成卤化物和卤酸盐。

$$2NaOH + Cl_2 = NaCl + NaClO + H_2O$$

$$3NaClO = 2NaCl + NaClO_3$$

反应能力按 F_2、Cl_2、Br_2、I_2 的顺序逐渐减弱。所以用碱溶液可吸收氯气，以及漂白粉的制取，都是根据卤素的这个性质。

（五）卤素单质的化学活动性

【演示实验1-2】取两支试管，分别加入 2mL 无色的溴化钠和碘化钾溶液，再各滴入 1mL 新制的氯水，振摇，观察溶液颜色。再各滴入少量无色汽油或四氯化碳，振摇，观察溶液颜色变化。

【演示实验1-3】取一支试管，加入 2mL 无色的碘化钾溶液，滴入 5 滴溴水，振摇，观察溶液颜色。再滴入少量无色汽油或四氯化碳，振摇，观察溶液颜色变化。

实验表明：无色溴化钠加入氯水后析出溴单质呈黄色，再加入无色汽油后油层呈红棕色；无色碘化钾溶液加入氯水或溴水后析出碘单质呈棕黄色，再加入无色汽油后油层呈紫红色。

$$2NaBr + Cl_2 = 2NaCl + Br_2$$

$$2KI + Cl_2 = 2KCl + I_2$$

$$2KI + Br_2 = 2KBr + I_2$$

上述溶液颜色的变化，说明卤素单质具有氧化性，所以卤素单质可以把排在它同一族下面的卤素离子以单质的形式从其卤化物的盐溶液中置换出来，反之则不能反应。综上所述，说明卤素单质的化学活动性即氧化性顺序为 $F_2>Cl_2>Br_2>I_2$。

总之，卤素是活泼的非金属元素，由于卤素原子的结构异同，卤素的化学性质既有相似性，又有差别。它们的活动性随着核电荷数的增加、原子半径的增大而逐渐减弱。

学习检测

1-9　比较金属卤化物和气态卤化氢的稳定性。

1-10　比较 Cl_2、Br_2、I_2 的单质化学活动性的强弱。Br_2 与 $NaCl$、I_2 与 KBr 能发生化学反应吗？

三、卤离子的检验

大多数金属卤化物是白色晶体，易溶于水，但金属卤化银除氟化银外都难溶于水，而且不溶于稀硝酸，生成的卤化银沉淀颜色也不一样，因此可根据这一特性来检验卤离子。

【演示实验1-4】取三支试管，分别加入氯化钠、溴化钠、碘化钾溶液各 2mL，观察溶液的颜色。向三支试管中分别滴加少量的硝酸银溶液，稍振摇，观察发生的现象。再分别滴加少量稀硝酸，观察现象是否有变化？

可以看出，三支分别盛有 NaCl、NaBr、KI 无色溶液的试管加入硝酸银溶液都有沉淀生成，但沉淀颜色不相同，再加稀硝酸后生成的沉淀不溶解。

$$NaCl + AgNO_3 \xlongequal{\quad} NaNO_3 + AgCl\downarrow（白色）$$

$$NaBr + AgNO_3 \xlongequal{\quad} NaNO_3 + AgBr\downarrow（浅黄色）$$

$$KI + AgNO_3 \xlongequal{\quad} KNO_3 + AgI\downarrow（黄色）$$

实验室里，常用上述方法检验 Cl^-、Br^-、I^- 的存在。

　学习检测

1-11　实验室如何检验无色的 NaBr 和 KI 溶液？有几种方法？

知识链接

金属卤化物临床作用

大多数金属卤化物是白色晶体，易溶于水，在自然界分布很广，医学上常用的金属卤化物主要有以下几种：

（1）氯化钠（NaCl），俗称食盐，无色或白色晶体，用于配制生理盐水（9g/L 的 NaCl 溶液）。医用生理盐水用于补液、清洗伤口和灌肠等。

（2）氯化钾（KCl），氯化钾为白色结晶性粉末或无色立方形结晶，是一种利尿剂，主要用于心脏性或肾脏性水肿，也可用于缺钾症。氯化钾和氯化钠的性质相似，但其医学作用不同，决不能互相代替。

（3）氯化钙（$CaCl_2$），氯化钙通常以含有结晶水的无色晶体存在，有很强的吸水性，常用作干燥剂。临床用于治疗钙缺乏症，也可用作抗过敏药。

（4）溴化钠（NaBr），溴化钠为白色结晶性粉末，溴化钠常与溴化钾和溴化铵一同制成三溴合剂，或是单独使用，对中枢神经有抑制作用，一般用作镇静剂，对兴奋性失眠、制止癫痫发作都有疗效。

（5）碘化钾（KI），碘化钾为无色或白色结晶，临床常用于治疗甲状腺肿大，是常用的补碘试剂；也是配制碘酊的助溶剂。

本章知识点总结

知识点	知识内容
氯气	氯气分子是双原子分子、黄绿色、密度比空气大、能溶于水的有毒气体；氯气的化学性质活泼，能与金属、非金属、水、碱等发生反应；氯气是重要的化工原料，用途广泛
卤素	卤族元素位于周期表ⅦA族，最外层电子数均为 7，是典型的非金属元素。随着核电荷数的增加，从氟到碘电子层数依次递增，卤素单质的物理性质呈现规律性的变化；卤素单质的化学性质相似，都是活泼的非金属，其化学活泼性按氟、氯、溴、碘的顺序减弱
卤离子的检验	金属卤化物溶液中，加入硝酸银溶液会出现不同颜色的沉淀，再加入稀硝酸，沉淀不消失，根据沉淀颜色的不同可检验卤离子的存在

自　测　题

一、选择题

1. 自来水可用氯气消毒，是因为氯水中有（　　）。
   A. Cl^-　　　　　B. Cl_2
   C. $HClO$　　　　D. HCl

2. 下列卤化氢中稳定性最强的是（　　）。
   A. HI　　　　　B. HBr
   C. HCl　　　　D. HF

3. 下列能鉴别 $NaCl$、$NaBr$、NaI 溶液的试剂是（　　）。
   A. 溴水和四氯化碳
   B. 氯水和四氯化碳
   C. 碘液和四氯化碳
   D. 四氯化碳

4. 下列关于次氯酸性质的叙述，错误的是（　　）。
   A. 稳定，不易分解
   B. 是一种强氧化剂
   C. 具有杀菌、消毒作用
   D. 能使润湿的有色布条褪色

5. 下列各组溶液中不能发生化学反应的是（　　）。
   A. 氯水和碘化钾　　B. 溴水和碘化钾
   C. 氯水和溴化钠　　D. 溴水和氯化钠

6. 比较 F_2、Cl_2、Br_2、I_2 的性质，下列说法正确的是（　　）。
   A. 各单质的化学活动性依次增强
   B. 各单质与水反应的剧烈程度递增
   C. 生成金属卤化物的稳定性依次减弱
   D. 原子最外层电子数依次递增

二、填空题

1. 卤素是_____元素的简称。包括_____、_____、_____、_____和砹五种元素。

2. 卤素原子的最外层都有_____个电子，在化学反应中容易_____个电子，形成化合价为_____价的阴离子。卤素都是活泼的_____元素。

3. 漂白粉的有效成分是_____。漂白粉的漂白原理同氯气相同，是因为都能产生_____。

4. 检验 Cl^-、Br^-、I^- 所用的试剂是_____和_____。

5. 氯气是_____色的气体，它的水溶液称为_____。

6. 卤素单质的氧化性由强到弱顺序为_____；卤化氢的稳定性由强到弱顺序为_____。

三、简答题

1. 氯水为什么可作为漂白剂？干燥的氯气为什么没有漂白作用？自来水厂可以用氯气进行杀菌消毒吗？为什么？

2. 实验室为什么可以用碱液吸收氯气？若氯气泄漏时，可以用浸有稀石灰水的口罩捂住口鼻，进行救援和疏散吗？为什么？

3. 比较 F_2、Cl_2、Br_2、I_2 的化学活泼性，并写出相关化学方程式。

四、鉴别题

　　怎样用化学方法鉴别无色的 $NaCl$、$NaBr$ 和 KI 溶液？写出操作步骤及实验现象，并书写相关的化学方程式。

（陆　梅）

第**2**章

物质结构和元素周期律

学习重点

1. 原子的组成。
2. 同位素的概念。
3. 原子结构和性质的关系。
4. 元素周期律和元素周期表。
5. 化学键的概念及分类。

　　自然界的物质种类繁多，性质各异。不同物质所表现出来的性质都是由物质内部结构不同而引起的。在化学反应中，原子核不变，发生变化的只是核外电子。要了解物质的性质及其变化规律，就要了解原子结构和核外电子的运动状态。

第1节　原　　子

　　大量科学实验证明：世界是由物质构成的，而物质是由许多基本微粒构成的。这些基本微粒主要是分子、原子、离子等，而分子和离子又都源自原子，原子是物质参加化学反应的最小粒子。

一、原子的组成

　　原子是由居于原子中心带正电的原子核和核外带负电的电子构成的。原子核所带的正电量与核外电子所带的负电量相等，整个原子是电中性的。

　　构成原子的微粒及其性质见表 2-1。原子很小，原子核更小，它的半径是原子的万分之一。**原子核是由质子和中子两种粒子构成的**。每个质子带一个单位正电荷，中子不带电。原子核所带的正电荷数（核电荷数）等于核内的质子数。不同的元素具有不同的核电荷数，**根据核电荷数从小到大的排序给元素依次编号，所编的序号称为元素的原子序数**。因此，**原子序数＝核电荷数＝核内质子数＝核外电子数**。

表 2-1　构成原子的微粒和性质

原子的构成	原子核		电子
	质子	中子	
电性和电量	带 1 个单位正电荷	不显电性	带 1 个单位负电荷
质量/kg	1.673×10^{-27}	1.675×10^{-27}	9.109×10^{-31}
相对质量	1.007	1.008	0.0005

注：相对质量是与 ^{12}C 原子质量的 1/12（约为 $1.66 \times 10^{-27} kg$）相比得到的数值

原子的质量主要集中在原子核上。质子和中子的相对质量分别为 1.007 和 1.008，均取近似整数值 1。电子的质量很小，其相对质量仅为 0.0005，可忽略不计，**把原子核内所有的质子和中子的相对质量求和取近似整数值所得的数值称为质量数。**质量数用 A 表示，质子数用 Z 表示，中子数用 N 表示，则：

$$质量数 = 质子数 + 中子数$$

$$A = Z + N$$

例如，以 $^A_Z X$ 代表一个质量数为 A、质子数为 Z 的原子，则组成原子的粒子间的关系可以表示为

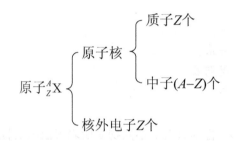

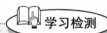学习检测

2-1   指出 11 号元素钠的原子序数、核电荷数、核内质子数和核外电子数。

2-2   分别指出 $^{12}_6 C$ 和 $^{238}_{92} U$ 中的质量数、质子数、中子数、核外电子数。

2-3   呈现在元素符号左上方数字、左下方数字、右上方数字、右下方数字及正上方数字各表示什么含义？

二、同 位 素

同类原子具有相同的核电荷数，**元素是具有相同核电荷数（或质子数）的一类原子的总称。**一种元素常常有多个不同的原子，同种元素原子的质子数相同。例如，氢元素有三种不同的原子，其原子核内质子数相同，但中子数不同，属于同一种元素的不同原子。这种**质子数相同而中子数不同的同种元素的不同原子互称同位素。**互称同位素的原子要满足两个条件，一是质子数相同，二是中子数不同。

大多数元素都有同位素。上述 $^1_1 H$、$^2_1 H$、$^3_1 H$ 是氢的三种同位素，其中 $^2_1 H$、$^3_1 H$ 是制造氢弹的材料；铀有 $^{234}_{92} U$、$^{235}_{92} U$、$^{238}_{92} U$ 等多种同位素，其中 $^{235}_{92} U$ 是制造原子弹的原料和核反应堆的燃料；碳元素有 $^{12}_6 C$、$^{13}_6 C$ 和 $^{14}_6 C$ 等几种同位素，其中 $^{12}_6 C$ 就是作为相对质量基准的那种碳原子，通常称为碳-12。同一种元素的各种同位素，其核电荷数、质子数、核外电子数相同，中子数和质量数不同，因此它们的物理性质有差异，而化学性质基本相同。

同一元素的各种同位素虽然中子数和质量数不同，但其核电荷数、质子数、核外电子数

相同，因此其化学性质几乎完全相同。在天然存在的元素中，无论是游离态还是化合态，同位素原子所占的百分数一般是不变的，同位素在现代科学中有广泛的用途。

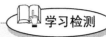 学习检测

2-4 "所有原子的原子核都是由质子和中子构成的"，这句话成立吗？

2-5 分别指出 $^{59}_{27}Co$ 和 $^{60}_{27}Co$ 中的核电荷数、质子数、核外电子数、质量数和中子数。

知识链接

同位素的应用

同位素有天然的和人造的；有的稳定，有的具有放射性。许多同位素，特别是放射性同位素，在很多领域具有重要的用途。

科学研究中：通过测定 $^{14}_{6}C$ 的含量，可推算出文物或化石的"年龄"。

工农业生产中：在农业肥料中加一些放射性同位素，就可以知道某种作物在不同的生长期最需要含哪种元素的肥料；放射线能抑制和破坏细胞的生长活动，用 $^{60}_{27}Co$ 照射马铃薯、洋葱、大蒜等，可抑制发芽、长霉并能延长保存期。

在医药卫生中：$^{3}_{1}H$ 用于脱氧核糖核酸和核糖核酸形成过程的研究；用 $^{131}_{53}I$ 被甲状腺吸收量来确定甲状腺的功能状态等；由于放射线具有很强的穿透能力，可用放射线同位素扫描诊断脑、肝、肾、肺等病变；用 $^{60}_{27}Co$ 远距离治疗机体，通过在体外照射来杀伤颅脑内、鼻咽部、肺、食管及淋巴系统等深部位的肿瘤。

三、原子核外电子排布的表示法

在含有多个电子的原子里，核外电子是分层运动的，又称核外电子的分层排布。化学上经常用较简单的原子结构示意图和电子式两种方式表示原子核外电子排布。

（一）原子结构示意图

用小圆圈加弧线表示原子结构的式子称为**原子结构示意图**。小圆圈代表原子核，圆圈内的 $+Z$ 表示核电荷数，弧线表示电子层，弧线中的数字表示该电子层排布的电子数（图 2-1）。图 2-2 表示的是四种元素的原子结构示意图。

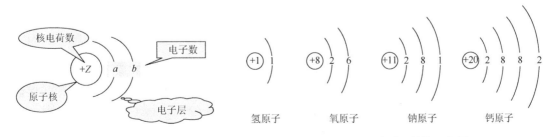

图 2-1　原子结构示意说明　　　　图 2-2　四种原子结构示意图

（二）电子式

在元素符号周围用·或×表示原子最外层电子的化学式称为**电子式**。第 11～18 号元素原子的电子式如图 2-3 所示。

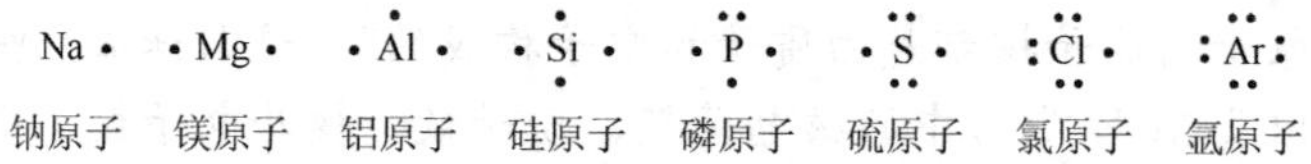

$$Na\cdot \quad \cdot Mg\cdot \quad \cdot \overset{\cdot}{Al} \quad \cdot \overset{\cdot}{Si}\cdot \quad \cdot \overset{\cdot}{P}\cdot \quad \cdot \overset{\cdot\cdot}{S}\cdot \quad :\overset{\cdot\cdot}{Cl}\cdot \quad :\overset{\cdot\cdot}{Ar}:$$

钠原子　镁原子　铝原子　硅原子　磷原子　硫原子　氯原子　氩原子

图 2-3　第 11～18 号元素原子的电子式

四、原子结构与元素性质的关系

元素的性质与原子最外层电子数有非常密切的关系。稀有气体元素的原子最外层电子数为 8（氦是 2 个），属于稳定结构，不易发生化学反应。而其他元素的原子是一种不稳定结构，在化学反应中都有失去或得到电子的倾向，使其达到稳定结构。

元素的金属性是指原子失去电子成为阳离子的趋势。**元素的非金属性**是指原子得到电子成为阴离子的趋势。

金属元素的原子最外层电子数一般少于 4 个，在化学反应中易失去电子使次外层变成最外层，达到 8 个电子的稳定结构，元素的原子越容易失去电子，元素的金属性就越强，反之越弱。

非金属元素的原子最外层电子数一般多于或等于 4 个，在化学反应中易得到电子，使最外层达到 8 个电子的稳定结构。元素的原子越容易得到电子，元素的非金属性就越强，反之越弱。

 学习检测

2-6　写出 He、O、Mg、K 的原子结构示意图。

2-7　写出 Li、Be、B、C、N、O、F 的电子式。

2-8　原子的最外层电子数对元素性质有怎样的影响？

第 2 节　元素周期律和元素周期表

宇宙万物是由元素构成的。要了解自然，充分合理利用自然资源，就要了解元素的性质及其变化规律。

一、元素周期律

随着人们对元素的性质、原子结构研究的深入，发现元素的性质和原子的核电荷数是密切相关的。人们按核电荷数由小到大的顺序给元素编号，所编的序号称为该元素的原子序数。原子序数在数值上等于该元素原子的核电荷数。

为了认识元素之间存在的规律性变化，将 3～18 号元素原子的最外层电子数、原子半径、主要化合价及元素的金属性和非金属性列于表 2-2。

表 2-2　3～18 号元素性质的周期性变化

原子序数	元素名称	元素符号	最外层电子数	原子半径/10^{-10}m	最高正价	最低负价	金属和非金属性
3	锂	Li	1	1.52	+1	—	活泼金属元素
4	铍	Be	2	0.89	+2	—	金属元素
5	硼	B	3	0.82	+3	—	不活泼非金属元素
6	碳	C	4	0.77	+4	-4	非金属元素
7	氮	N	5	0.75	+5	-3	活泼非金属元素
8	氧	O	6	0.74	—	-2	很活泼非金属元素
9	氟	F	7	0.71	—	-1	最活泼非金属元素
10	氖	Ne	8	—	0	—	稀有气体
11	钠	Na	1	1.86	+1	—	很活泼金属元素
12	镁	Mg	2	1.60	+2	—	活泼金属元素
13	铝	Al	3	1.43	+3	—	金属元素
14	硅	Si	4	1.17	+4	-4	不活泼非金属元素
15	磷	P	5	1.10	+5	-3	非金属元素
16	硫	S	6	1.02	+6	-2	活泼非金属元素
17	氯	Cl	7	0.99	+7	-1	很活泼非金属元素
18	氩	Ar	8	—	0	—	稀有气体

（一）原子最外层电子数的周期性变化

　　3～10 号元素原子的核外有两个电子层，最外层电子数从 1 依次递增到 8。11～18 号元素，原子的核外有三个电子层，最外层电子数也从 1 依次递增到 8。对 18 号以后的元素研究表明，发现同样的变化规律，即随着原子序数的递增，元素原子的最外层电子排布显现周期性的变化。

（二）原子半径的周期性变化

　　从表 2-2 看出，3～9 号元素，11～17 号元素，随着元素原子序数的递增，原子半径逐渐减小的现象重复出现。即元素的原子半径随着原子序数的递增显现周期性的变化。

（三）元素化合价的周期性变化

　　11～17 号元素，化合价基本上重复着 3～9 号元素所表现的化合价的变化。最高正价从 +1（Na）逐渐递变到 +7（Cl），从中间元素开始出现负价，负价从 -4（Si）递变到 -1（Cl）。稀有气体元素的化合价为 0。18 号以后的元素化合价也有相似变化。即元素的化合价随着原子序数的递增而显现周期性的变化。

（四）元素的金属性和非金属性的周期性变化

　　从表 2-2 看出，3～10 号元素是从活泼的金属元素逐渐递变到非金属元素，非金属性逐渐增强，最后是稀有气体元素；11～18 号元素重复了上述变化规律。即元素的金属性和非金属性随着原子序数的递增而显现周期性的变化。

　　由此可见，元素性质存在规律性变化。**元素的性质随着原子序数的递增而显示周期性变化的规律称为元素周期律。**

　　元素周期律变化的实质是元素原子核外电子排布的周期性变化。因此，元素周期律深刻地揭示了原子结构和元素性质的内在联系。

2-9　元素性质呈现哪些周期性变化？

2-10　为什么元素的性质随着元素电子序数的递增会呈现周期性变化？

二、元素周期表

根据元素周期律，把目前已知的 100 多种元素，先把电子层数相同的元素，按原子序数递增顺序从左到右排成横行，再将不同横行中最外层电子数相同的元素，按电子层数递增顺序由上而下排成纵行，制成的一张表称为元素周期表（见附录）。

元素周期表是元素周期律的具体表现形式，反映了元素间的联系及变化规律，对研究元素性质有重要作用。

（一）元素周期表的结构

1. 周期　元素周期表中拥有相同的电子层数的元素依照原子序数递增顺序排列的横行称为**周期**。元素周期表有 7 个横行，即 7 个周期。周期的序数用 1、2、3、…、7 表示，**周期的序数等于该周期元素原子拥有的电子层数**。各周期里元素的种类不一定相同，第 1、2、3 周期含元素种类较少，称为短周期；第 4、5、6 周期含元素种类较多，称为长周期；第 7 周期未排满，称为不完全周期。

2. 族　元素周期表有 18 个纵行。第 8、9、10 三个纵行划为一族；其余 15 个纵行，每个纵行为一族。元素周期表共有 16 个族，其中 7 个主族、7 个副族、1 个 0 族、1 个第八族。

由短周期元素和长周期元素共同组成的族称为主族；主族元素在族序数后标 A，如 I A、II A 等，**主族序数等于该主族元素原子的最外层电子数**。完全由长周期元素组成的族称为副族；副族元素在族序数后标 B，如 I B、II B 等。稀有气体元素化学性质不活泼，通常很难与其他物质发生化学反应，其化合价定为 0 价，称为 0 族。第 8、9、10 三个纵行组成Ⅷ族，称为第八族。

（二）元素性质的递变规律

1. 同周期元素性质的递变规律

【演示实验 2-1】取两支试管，加入 3mL 水，各滴入 2 滴酚酞试液，分别加入一小粒钠和少量镁粉，观察现象。将加入镁粉的试管加热至沸腾，观察现象。

【演示实验 2-2】取一小片铝和一小块镁，用砂纸擦去表面的氧化膜，分别投入盛有 2mL 1mol/L 盐酸的两个试管中，观察现象。

实验表明：钠与冷水能发生剧烈反应。镁与冷水不易反应，但加热后能反应而产生大量的气体。

$$2Na + 2H_2O == 2NaOH + H_2\uparrow$$

$$Mg + 2H_2O \stackrel{\triangle}{==} Mg(OH)_2 + H_2\uparrow$$

铝和镁都能与盐酸反应，但镁的反应更剧烈些。

$$Mg + 2HCl == MgCl_2 + H_2\uparrow$$

$$2Al + 6HCl == 2AlCl_3 + 3H_2\uparrow$$

在同一周期中，各元素的原子核外电子层数虽然相同，但从左到右，核电荷数依次增多，原子半径依次减小，失电子能力逐渐减弱，得电子能力逐渐增强。因此，**同周期元素从左到右，金属性逐渐减弱，非金属性逐渐增强。**

2. 同主族元素性质的递变规律

【演示实验 2-3】在两个烧杯中各放入一些水，然后各取绿豆大小的钠、钾，用滤纸吸干表面的煤油，分别投入两个烧杯中，观察现象并比较。反应完毕后，分别向两个烧杯中滴入几滴酚酞试液，观察溶液的颜色变化。

实验表明，同钠一样，钾也能与水反应，生成氢气和氢氧化钾。但钾与水的反应比钠与水的反应更剧烈，反应放出的热可以使生成的氢气燃烧，并发生轻微的爆炸，因此证明钾的金属性比钠更强。

同主族元素中，虽然各元素的最外层电子数相同，但从上到下，电子层数依次增多，原子半径逐渐增大，失去电子的能力逐渐增强，得电子的能力逐渐减弱。因此，**同主族元素从上到下，金属性逐渐增强，非金属性逐渐减弱。**

根据主族元素的性质递变规律，在周期表中，非金属元素集中在右上部分，金属元素集中在左下部分，在硼、硅、砷、碲、砹与铝、锗、锑、钋之间画一条虚线，这就是金属元素和非金属元素的分界线（图 2-4）。虚线左面是金属元素，右面是非金属元素。位于分界线附近的元素既表现某些金属的性质，又表现某些非金属的性质。

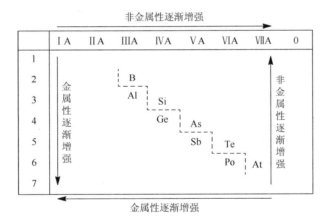

图 2-4　金属元素和非金属元素的划分及元素性质的变化规律

在同一周期或同一主族中，不仅元素的基本性质呈现周期性变化，而且它们所形成的单质和化合物的性质也具有一定的变化规律。

（三）元素周期表的应用

元素周期表是元素周期律的具体表现形式，是学习和研究化学的重要工具。科学家们在元素周期表的指导下，对元素的性质进行研究，推动了物质结构理论的发展。人们根据元素性质的周期性变化，对元素进行分类研究，推测元素及其单质、化合物的性质。元素周期律的学习对系统研究元素化合物知识有重要的实践意义。例如，用周期表来指导生产实践；在金属与非金属的分界处，可以找到半导体材料；在过渡元素中寻找催化剂和耐高温、耐腐蚀的合金材料等；在非金属区域中研究合成高效的新型农药等。

2-11　元素周期表排列的原则是什么？

2-12　某元素核外有 2 个电子层，最外层有 6 个电子，该元素位于周期表中第几周期、第几主族、是什么元素？

2-13　根据元素性质递变规律，比较 Li 与 Na、K 与 Ca 金属性的强弱。比较 N 与 O、F 与 Cl 非金属性的强弱。

2-14　已知碳元素、镁元素和溴元素的原子结构示意图：

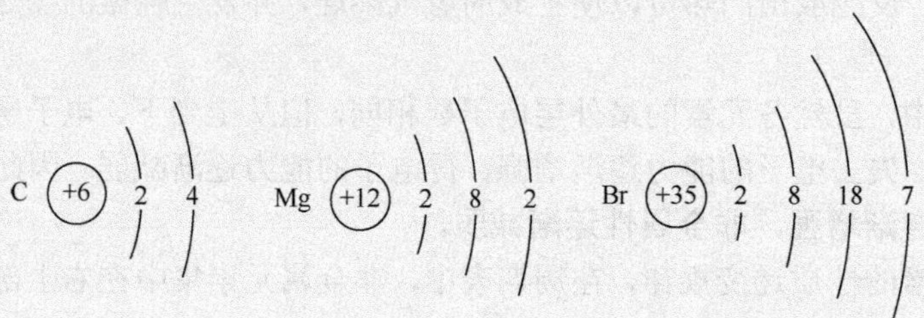

$$C \, (+6) \quad 2 \quad 4 \qquad Mg \, (+12) \quad 2 \quad 8 \quad 2 \qquad Br \, (+35) \quad 2 \quad 8 \quad 18 \quad 7$$

它们分别位于第几族、第几周期？为什么？

知识链接

化学元素与人体健康

　　人体是由化学元素组成的。根据含量多少，分为常量元素和微量元素。常量元素氧、碳、氢、氮、钙、磷、硫、钾、钠、氯、镁等占人体总质量的 99.95% 以上，其主要作用是组成人体结构；而微量元素不足人体质量的 0.05%。人体内的微量元素又分为两类：一类是必需微量元素，如氟、碘、铁、铜、锌、锰、钴、钼、硒等，它们是维持人体正常生理活动必不可少的元素；另一类是有毒微量元素，如铅、镉、汞、铊等，多是因环境污染，通过食物链、空气进入人体内，有些可在体内蓄积，引起急性或慢性中毒而危害健康，有些可致畸、致癌，甚至造成死亡。必需微量元素在食物中分布很广，人体需要量又少，只需膳食均衡，一般都能满足机体的需要。必需微量元素在机体内不是越多越好，一旦摄入过量，会引起中毒症状。

第 3 节　化 学 键

　　物质世界的构成元素只有 100 多种，然而 100 多种元素形成的物质却数以千万计。元素的原子以不同的种类、数目和排列方式相互结合成各种分子，这些分子是构成我们这个世界的物质基础。原子能结合成分子说明原子之间存在着相互作用。化学上把这种**物质中相邻的原子或离子之间强烈的相互作用称为化学键**。根据相互作用的方式不同，化学键分为离子键、共价键和金属键等类型。

一、离子键

（一）离子键的形成

通过实验可以知道，钠在氯气中剧烈燃烧，生成的 NaCl 小颗粒悬浮在空气中呈现白烟状。化学反应式为

$$2Na + Cl_2 \xrightarrow{\text{点燃}} 2NaCl$$

从原子结构看，钠原子的最外层只有 1 个电子，易失去最外层上的电子使次外层成为最外层达到 8 电子的稳定结构；氯原子最外层有 7 个电子，易得到 1 个电子达到 8 电子的稳定结构。因此，当钠在氯气中燃烧时，氯原子得到钠原子失去的 1 个电子，双方都形成了最外层为 8 电子的稳定结构，同时分别形成了带正电荷的钠离子和带负电荷的氯离子，钠离子和氯离子之间产生了强烈的静电作用。这种**阴、阳离子之间通过静电作用形成的化学键称为离子键。**

钠离子和氯离子之间除了有静电吸引作用外，还有电子与电子、原子核与原子核之间的相互排斥作用。当两种离子接近到一定距离时，吸引和排斥作用达到了平衡，于是阴、阳离子间就形成了稳定的离子键。离子键的本质是静电相互作用。

活泼的金属（如钾、钠、钙等）和活泼的非金属（如氟、氧、氯等）之间相互化合时形成的化学键是离子键。因为活泼的金属原子易失电子成为阳离子，活泼的非金属原子易得电子成为阴离子，阴离子与阳离子通过静电相互作用形成离子键，如 NaCl、K_2O、CaF_2 等是由离子键形成的物质，它们形成的电子式分别为

氯化钠(NaCl)　　Na× + ·C̈l: ⟶ Na⁺[×C̈l:]⁻

氧化钾(K_2O)　　K× + ·Ö· + ×K ⟶ K⁺[×Ö×]²⁻K⁺

氟化钠(CaF_2)　　:F̈· + ×Ca× + ·F̈: ⟶ [:F̈×]⁻Ca²⁺[×F̈:]⁻

（二）离子化合物

以离子键形成的化合物称为离子化合物，如 NaCl、KBr、MgO、CaF_2 等。在离子化合物中，离子具有的电荷数就是该元素的化合价。例如，Na^+、K^+是 +1 价，Ca^{2+}、Mg^{2+}是 +2 价，Cl^-、Br^-是 -1 价，O^{2-}、S^{2-}是 -2 价。

在离子化合物中，离子间存在着强烈的静电作用（即离子键），因此离子化合物有较高的熔点和沸点，硬度也较大。高温下，由于离子键受热被破坏，离子可以自由运动，因此离子化合物受热熔化时可以导电。当离子化合物溶于水时，在水分子的作用下，离子键被破坏而形成自由移动的离子，因此离子化合物溶于水也能导电。

二、共价键

（一）共价键的形成

将氢气和氯气按 1 : 1 的比例混合于集气瓶中，瓶口盖上一层薄塑料片。在集气瓶附近点亮闪光灯，在光照的条件下氢气与氯气反应生成氯化氢。

在氯化氢的形成过程中，电子不是从氢原子转移到氯原子上，而是在氢、氯原子间形成共用电子对，使氢、氯原子都达到稳定结构。

像氯化氢分子这样，**原子间通过共用电子对所形成的化学键称为共价键**。共价键的本质是共用电子对。

氯化氢分子的形成过程可表示如下：

$$H\times \ + \ \cdot \overset{\cdot\cdot}{\underset{\cdot\cdot}{Cl}}\colon \ \longrightarrow \ H\overset{\cdot\cdot}{\underset{\cdot\cdot}{\times}}\overset{\cdot\cdot}{\underset{\cdot\cdot}{Cl}}\colon$$

非金属原子相互结合时，易形成共价键。原因是非金属原子都要得电子形成稳定结构，结果只能通过共用电子对达到此目的。例如，H_2、O_2、N_2、HCl、H_2O、NH_3 等都是由共价键形成的。

原子间形成共价键时，根据需要两原子之间可能共用一对电子或共用两对及三对电子，分别形成共价单键、共价双键、共价三键。

共用电子对可用短线表示。当用短线表示共用电子对时，则能反映出分子结构，**表示分子结构的化学式称为结构式**。用电子式表示共价键的形成，如：

$$H\cdot \ + \ \cdot H \ \longrightarrow \ H\colon H \quad 或 \quad H-H$$

$$\cdot\overset{\cdot\cdot}{\underset{\cdot\cdot}{O}}\cdot \ + \ \cdot\overset{\cdot\cdot}{\underset{\cdot\cdot}{O}}\cdot \ \longrightarrow \ \overset{\cdot\cdot}{\underset{\cdot\cdot}{O}}\colon\colon\overset{\cdot\cdot}{\underset{\cdot\cdot}{O}} \quad 或 \quad O=O$$

$$\colon N\cdot \ + \ \cdot N\colon \ \longrightarrow \ \colon N\colon\colon\colon N\colon \quad 或 \quad N\equiv N$$

$$H\times \ + \ \cdot\overset{\cdot\cdot}{\underset{\cdot\cdot}{Cl}}\colon \ \longrightarrow \ H\overset{\cdot\cdot}{\underset{\cdot\cdot}{\times}}\overset{\cdot\cdot}{\underset{\cdot\cdot}{Cl}}\colon \quad 或 \quad H-Cl$$

$$H\times \ + \ \cdot\overset{\cdot\cdot}{\underset{\cdot\cdot}{O}}\cdot \ + \ \times H \ \longrightarrow \ H\overset{\cdot\cdot}{\underset{\cdot\cdot}{\times}}\overset{\cdot\cdot}{\underset{\cdot\cdot}{O}}\overset{\cdot\cdot}{\underset{\cdot\cdot}{\times}}H \quad 或 \quad H-O-H$$

$$H\times \ + \ \cdot\overset{\cdot\cdot}{N}\colon \ + \ \times H \ \longrightarrow \ H\overset{\cdot\cdot}{\underset{\times}{\times}}\overset{\cdot\cdot}{N}\overset{\cdot\cdot}{\times}H \quad 或 \quad H-N-H$$

有一种特殊的共价键，成键原子间的共用电子对是由一个原子单独提供并和另一个原子共用。这种**由一个原子单独供给一对电子与另一个原子共用形成的共价键称为配位键**。例如，氨气与氯化氢反应生成氯化铵。

$$NH_3 + HCl \rule[0.5ex]{2em}{0.4pt} NH_4Cl$$

氨分子与氢离子间以配位键结合形成铵离子。氨分子中氮原子的最外层电子有一对尚未共用的电子对称为孤对电子，氢离子核外没有电子。在氨分子与氢离子结合时，氮原子的孤对电子成为与氢离子之间的共用电子对，从而形成配位键。

在结构式中配位键可用箭头"→"表示，箭头指向接受电子的原子。氨分子与氢离子形成铵离子可表示如下：

$$H\overset{\cdot\cdot}{\underset{\cdot\cdot}{\times}}\overset{\overset{H}{|}}{N}\overset{\cdot\cdot}{\underset{\cdot\cdot}{\times}}H \ + \ H^+ \ \longrightarrow \ [H\overset{\cdot\cdot}{\underset{\cdot\cdot}{\times}}\overset{\overset{H}{|}}{N}\overset{\cdot\cdot}{\underset{\cdot\cdot}{\times}}H]^+ \quad 或 \quad [H-\overset{\overset{\uparrow}{\underset{}{}}}{\underset{\underset{H}{|}}{C}}-H]^+$$

（二）共价键的类型

根据共用电子对在两原子间是否存在偏移现象，共价键可分为非极性共价键和极性共价键。

1. 非极性共价键　由同种元素的原子形成的共价键，两个原子对电子的吸引力相同，共用电子对不偏向任何一个原子。**共用电子对无偏向的共价键称为非极性共价键，简称非极性键。**非金属单质分子中的化学键都是非极性键，如 H_2、N_2、Cl_2、O_2、I_2 等。

2. 极性共价键　由不同种元素的原子形成的共价键，由于两原子对电子的吸引力不同，共用电子对必然偏向对电子吸引力较强的原子一方。**共用电子对有偏向的共价键称为极性共价键，简称极性键。**例如，H—Cl 键是极性键，共用电子对偏向吸引电子能力较强的 Cl 原子一方。不同种元素原子间形成的共价键都属于极性键，如 HCl、HF、HBr、H_2O、NH_3 等。

（三）共价化合物

全部以共价键形成的化合物称为**共价化合物**，如 HCl、H_2O、NH_3 等都属于共价化合物。

共价化合物中，元素的化合价是该元素一个原子与其他原子之间形成共用电子对的数目。由于元素原子的种类不同，吸引电子的能力也不同，共用电子对会偏向吸引电子能力强的一方。共用电子对偏向的一方显负价，偏离的一方显正价。例如，H_2O 中，H 为 +1 价、O 为 –2 价；NH_3 中 H 为 +1 价、N 为 –3 价；HCl 中，H 为 +1 价、Cl 为 –1 价。

由多原子形成的分子中，往往不只含有一种化学键。例如，NaOH 中，Na^+ 和 OH^- 形成的是离子键，O—H 之间形成的是共价键。NH_4Cl 中，NH_4^+ 和 Cl^- 之间是离子键，NH_4^+ 中有 3 个 N—H 共价键、1 个 N→H 配位键。

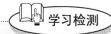

学习检测

2-15　离子键和共价键有什么不同？其本质分别是什么？

2-16　指出非极性共价键与极性共价键相同点与不同点。为什么说配位键是特殊的共价键？

2-17　指出 H_2、O_2、H_2O、SO_2 分子中共价键的类型。

知识链接

分子间作用力与氢键

1. 分子间作用力　化学键是分子中的原子或离子间强烈的作用力，而分子与分子之间还存在微弱的作用力。分子与分子之间的作用力称为分子间作用力，分子间作用力是由荷兰物理学家范德华首先提出来的，又称范德华力。分子间作用力大小与分子的极性大小、相对分子质量的大小有关。但与化学键相比，分子间的作用力要弱得多。分子间作用力仅对物质的物理性质有一定的影响，如熔点、沸点、溶解度等。

2. 氢键　凡是与非金属性很强、原子半径较小的原子（F、O、N）以共价键相结合的氢原子，还可以再与这类元素的另一个原子结合，这种相互作用称为氢键，用 X—H⋯Y 表示。氢键不是化学键，而是一种特殊的分子间作用力。氢键比一般分子间作用力要强，对物质的某些物理性质产生影响，如具有氢键的化合物的熔点和沸点比没有氢键的同类化合物要高。

本章知识点总结

一、原　子

知识点	知识内容
原子的组成	原子是由居于原子中心带正电的原子核和核外带负电的电子构成的。 原子核由质子和中子构成
质量数	把原子核内所有的质子和中子的相对质量求和取近似整数值所得的数值称为质量数。 质量数 = 质子数 + 中子数
同位素	质子数相同而中子数不同的同种元素的不同原子
原子结构示意图	用小圆圈加弧线表示原子结构的式子
电子式	在元素符号周围用·或×表示原子最外层电子的化学式

二、元素周期律和元素周期表

知识点	知识内容
元素周期律	元素的性质随着原子序数的递增呈现周期性变化的规律。实质是原子最外层电子排布的周期性
元素周期表	7 个周期：3 个短周期、3 个长周期、1 个不完全周期 16 个族：7 个主族、7 个副族、1 个 0 族、1 个第 8 族 周期序数 = 电子层数；主族序数 = 最外层电子数
元素性质递变规律	同周期元素从左到右，金属性逐渐减弱，非金属性逐渐增强； 同主族元素从上到下，金属性逐渐增强，非金属性逐渐减弱

三、化　学　键

知识点	知识内容
化学键	物质中相邻的原子或离子之间强烈的相互作用称为化学键。 化学键分为离子键、共价键和金属键
离子键	阴、阳离子之间通过静电相互作用形成的化学键。本质是静电相互作用
共价键	原子间通过共用电子对所形成的化学键。本质是共用电子对。 共价键分为非极性键和极性键；配位键是特殊的共价键

自　测　题

一、名词解释

1. 原子序数　2. 质量数　3. 同位素　4. 元素周期律
5. 化学键　6. 离子键　7. 共价键

二、填空题

1. 原子由带正电荷的_____和核外带负电荷的_____构成。原子核由带正电荷的_____和不带电荷的_____构成。

2. 同位素是_____数相同、_____数不同的_____元素的_____原子的互称。

3. 将原子核内所有的质子和中子的相对质量取近似整数加起来，所得的数值，称为_____，用符号_____表示，质子数用_____表示，则原子 X 可表示为_____。

4. 元素周期表中共有_____个族，_____个周期。

5. 化学键是_____中_____间_____的相互作用。

6. 当_____元素和_____元素形成化合物时，易形成离子键；当_____元素和_____元素形成化合物时，易形成共价键。

7. 同一周期元素原子的_____相同，从左到右，_____逐渐减弱，_____逐渐增强。

8. 同一主族元素，其原子的_____相同，从上而下，金属性_____，非金属性_____。

9. 配位键是一种特殊的_____，两原子间的_____是由_____单独提供，并与_____所共用。

三、选择题

1. 一种新元素，它的质量数为 272，原子核内有 161 个中子。该元素的质子数为（ ）。

A. 111　　B. 161　　C. 272　　D. 433

2. 根据元素的核电荷数，不能确定的是（ ）。

A. 原子核内质子数　　B. 原子核内中子数

C. 原子最外层电子数　　D. 原子核外电子数

3. 决定元素化学性质的主要是原子的（ ）。

A. 质子数　　　　B. 中子数

C. 核外电子数　　D. 最外层电子

4. 几种微粒，具有相同的质子数，则可说明（ ）。

A. 一定不是同一种元素　B. 中子数一定相同

C. 可能属于同一种元素　D. 核外电子数一定相等

5. 元素的性质随着原子序数的递增呈现周期性变化的主要原因是（ ）。

A. 元素原子核外电子排布呈周期性变化

B. 元素原子的半径呈周期性变化

C. 元素化合价呈周期性变化

D. 元素的相对原子质量呈周期性变化

6. 下列物质中只含离子键的是（ ）。

A. O_2　　B. HCl　　C. MgO　　D. CO_2

7. 下列物质中既含有离子键，又含有共价键的是（ ）。

A. NaCl　　B. NaOH　　C. H_2O　　D. CH_4

（李　勤）

溶　液

1. 物质的量的概念及其单位、摩尔质量、有关物质的量的计算。
2. 物质的量浓度、质量浓度的概念、符号、关系式及有关计算。
3. 溶液的配制和稀释的计算及实验操作。
4. 渗透压与溶液浓度的关系，比较渗透压的大小。
5. 渗透压在医学上的意义。

　　溶液是自然界中常见的体系，江河湖海洋等均为含有水和无机盐类等的溶液体系；人体的各种体液是溶液，体内营养物质的运输和转化、食物的消化和吸收、代谢废物的排泄等都离不开溶液；临床上治疗疾病的各种注射液是溶液；化学反应大部分要在溶液中才能进行。溶液随处可见，本章主要介绍物质的量、溶液和渗透压等相关知识。

第1节　物　质　的　量

　　世界是由物质构成的，物质是人类赖以生存的基础，物质分为宏观物质和微观物质。宏观物质是由巨大数量的原子、分子、离子等微观粒子构成的，是可以称量的。物质间发生化学反应是原子、分子或离子之间按一定数目的比例关系进行的，微观粒子的体积和质量都十分小，不仅用肉眼看不见，而且无法称量。在实际应用中，原子、分子或离子等微观粒子都是以数目巨大的"集体"的宏观形式出现的。可称量物质与原子、分子或离子之间有什么联系呢？能否用一定数目的粒子集合体来计量它们之间的关系呢？为此，国际科学界建议采用"物质的量"将一定数目的原子、分子或离子等微观粒子与可称量物质联系起来。**"物质的量"充当了宏观物质和微观粒子之间关系的桥梁。**

一、物质的量的概念及其单位

（一）物质的量的概念

　　物质的量是表示物质基本单元数量的物理量。物质的量与长度、质量、时间、温度等一样，是一种物理量的名称。物质的量是国际单位制（SI）7 个基本物理量之一。

　　物质的量用符号 n 表示。**物质的量是表示以某特定数目的基本单元（粒子）为集体数及其倍数的物理量。**某物质基本单元 B 的物质的量用 n_B 或 $n(B)$ 表示。例如，氢原子的物质的量可表示为 n_H 或 $n(H)$；氢分子的物质的量可表示为 n_{H_2} 或 $n(H_2)$；氢离子的物质的量可表示为 n_{H^+} 或 $n(H^+)$。

　　物质的基本单元可以是原子、分子、离子、电子、质子、中子等粒子，也可以是其他粒子。物质的基本单元还可以是某些粒子的特定组合，如 $\frac{1}{3}Fe^{3+}$ 等。"物质的量"是特定的专有名词，是个物理量，使用时决不能加字、缺字、拆开或颠倒。

（二）摩尔

在日常生活生产和科学研究中，人们常根据不同需要使用不同的计量单位。例如，用米、毫米等来计量长度；用千克、毫克等来计量质量。

1971 年第 14 届国际计量大会通过决议，规定物质的量的单位是摩尔（mole），简称摩，符号为 mol。用摩尔作为计量原子、分子或离子等微观粒子数目的单位。

摩尔是一系统的物质的量，1mol 物质中所含的基本单元数量与 12g ^{12}C 的原子数目相等。 即 1mol 基本单元（粒子）集合体所含的基本单元数与 12g ^{12}C 所含的碳原子数目相同。

知识链接

国际单位制（SI）的 7 个基本物理量

物理量	单位名称	单位符号
长度	米	m
质量	千克	kg
时间	秒	s
电流	安培	A
热力学温度	开尔文	K
物质的量	摩尔	mol
发光强度	坎德拉	cd

二、物质的量与基本单元数的关系

经实验测定，12g ^{12}C 中所含的原子数目约为 6.02×10^{23} 个，则 1mol 物质中所含的基本单元数即为 6.02×10^{23} 个。把 1mol 任何粒子的粒子数目称为阿伏伽德罗常量，用符号 N_A 表示，$N_A = 6.02 \times 10^{23} mol^{-1}$。

由摩尔的定义可知：

1mol C 含有 6.02×10^{23} 个碳原子；

1mol H 含有 6.02×10^{23} 个氢原子；

1mol H^+ 含有 6.02×10^{23} 个氢离子；

1mol H_2 含有 6.02×10^{23} 个氢分子；

1mol O_2 含有 6.02×10^{23} 个氧分子；

1mol H_2O 含有 6.02×10^{23} 个水分子。

即物质的量为 1mol 任何物质都有 6.02×10^{23} 个基本单元。显然：物质的量为 0.5mol C 含有 $0.5 \times 6.02 \times 10^{23}$ 个碳原子；物质的量为 2mol C 含有 $2 \times 6.02 \times 10^{23}$ 个碳原子。

物质的量（n）是与物质基本单元数（N）成正比的物理量，两者之间的关系如下：

$$物质的量 = \frac{基本单元数（粒子数）}{阿伏伽德罗常量}$$

$$n = \frac{N}{N_A} \ 或 \ N = n N_A$$

这一关系式表明物质的量等于物质基本单元数与阿伏伽德罗常量之比。

因为 N_A 是常量，通过 $N = n N_A$ 可知：物质的量 n 相等的任何物质，它们所含的基本单元数 N 一定相同；若要比较几种物质所含基本单元数目的大小，只需比较它们的物质的量的大小。

物质的量是表示物质基本单元数量的物理量，使用摩尔作单位时，所指粒子必须十分准确。例如，只能说 1mol H、1mol H^+ 或 1mol H_2，笼统地说 1mol 氢是不准确的。

学习检测

3-1　物质的量是表示（　　）。

A. 物质数量的量　　　　　　　　　B. 物质质量的量

C. 物质单位的量　　　　　　　　　D. 物质基本单元数目的量

3-2　$6.02×10^{23}$ 个 S 的物质的量是多少摩尔？$3.01×10^{23}$ 个 Fe 的物质的量是多少摩尔？物质的量为 1mol 的 H^+ 含有多少个 H^+，物质的量为 2mol 的 O_2 含有多少个 O_2？

3-3　H_2 与 O_2 的物质的量分别为 1mol 与 2mol，其所含的基本单元数哪个多？

知识链接

阿伏伽德罗

阿伏伽德罗（Avogadro，1776—1856 年），意大利化学家、物理学家。阿伏伽德罗毕生致力于化学和物理学中关于原子论的研究，于 1811 年提出了一个对近代科学有深远影响的假说：在相同温度和相同压强条件下，相同体积中的任何气体总具有相同的分子个数，后被称为阿伏伽德罗定律。这条定律对科学的发展，特别是相对原子质量的测定工作，起到了重大的推动作用。在化学实验验证中，科学家证实在温度、压强都相同的情况下，1mol 的任何气体所占的体积几乎相等。例如，在 0℃、1 个大气压时，1mol 任何气体的体积都接近 22.4L，科学家由此换算出：1mol 任何物质都含有 $6.02×10^{23}$ 个分子，这一常数被科学界命名为阿伏伽德罗常量，以纪念杰出的科学家阿伏伽德罗。

三、摩 尔 质 量

（一）摩尔质量的概念及单位

单位物质的量的物质所具有的质量称为摩尔质量。 摩尔质量表示的是 1mol 物质所含有的质量。摩尔质量的量符号为 M。

物质的量、物质的质量与摩尔质量三者之间的关系为

$$物质的量 = \frac{物质的质量}{摩尔质量}$$

$$n = \frac{m}{M}$$

摩尔质量的国际制单位是 kg/mol，在化学上的常用单位是 g/mol。

某物质基本单元 B 的摩尔质量的表示方法为 M_B 或 $M(B)$，如碳原子的摩尔质量表示为 M_C 或 $M(C)$，钾离子的摩尔质量表示为 M_{K^+} 或 $M(K^+)$。

（二）摩尔质量与化学式量的关系

1mol 不同物质中所含的基本单元数是相同的，但由于不同的基本单元质量不同，1mol 不同物质的质量也不同，即不同物质基本单元的摩尔质量是不同的。

1mol 碳原子与 1mol 氧原子所含有的原子数相同，都是 6.02×10^{23}。但 1 个碳原子与 1 个氧原子的质量是不同的。1 个碳原子的质量与 1 个氧原子的质量之比为 12：16。根据摩尔的定义，1mol 碳原子的质量是 12g，即碳原子的摩尔质量是 12g/mol，根据两者的质量比，氧原子的摩尔质量是 16g/mol。

同理推知，**任何原子的摩尔质量，若以 g/mol 为单位，数值上等于该种原子的相对原子质量**。例如，

H 的相对原子质量是 1，则 $M(H)$= 1g/mol；

Ca 的相对原子质量是 40，则 $M(Ca)$= 40g/mol；

Fe 的相对原子质量是 56，则 $M(Fe)$= 56g/mol。

不同分子的质量是不同的，由于相对分子质量等于化学式中各原子的相对原子质量的总和。同样可以推知，**任何分子的摩尔质量，若以 g/mol 为单位，数值上等于该种分子的相对分子质量**。例如，

H_2 的相对分子质量是 2，则 $M(H_2)$= 2g/mol；

O_2 的相对分子质量是 32，则 $M(O_2)$= 32g/mol；

CO_2 的相对分子质量是 44，则 $M(CO_2)$= 44g/mol；

H_2O 的相对分子质量是 18，则 $M(H_2O)$= 18g/mol。

同样也可以推知离子的摩尔质量。离子是带有电荷的原子或原子团。由于原子的质量主要集中在原子核，电子的质量极其微小，离子失去或得到的电子的质量一般可以忽略不计。因此，**离子的摩尔质量可以看成形成离子的原子或原子团的摩尔质量**。例如，

1mol Na^+ 的质量是 23g，即 $M(Na^+)$= 23g/mol；

1mol NH_4^+ 的质量是 18g，即 $M(NH_4^+)$= 18g/mol；

1mol SO_4^{2-} 的质量是 96g，即 $M(SO_4^{2-})$= 96g/mol。

综上所述，**任何物质的基本单元 B 的摩尔质量如果以 g/mol 为单位，其数值就等于该物质的化学式量**。

摩尔质量与化学式量的联系是任何物质的基本单元 B 的摩尔质量如果以 g/mol 为单位，其数值就等于该物质的化学式量；区别是摩尔质量是绝对质量，有单位，常用单位是 g/mol，化学式量是相对质量，无单位。

人体中有很多微量元素，有时在医学实际应用中用摩尔作物质的量的单位偏大，经常要使用辅助单位毫摩尔（mmol）和微摩尔（μmol）。三者的换算关系为

$$1mol = 10^3 mmol = 10^6 \mu mol$$

学习检测

3-4　写出摩尔质量的符号、国际制单位和常用单位。

3-5　任何物质的基本单元 B 的摩尔质量如果以 kg/mol 为单位，其数值是否等于该物质的化学式量？

3-6　说出摩尔质量与化学式量的联系与区别。

3-7　写出或计算下列物质的摩尔质量：

N　　Mg　　Cu　　Cl^-　　K^+　　　CO_3^{2-}　　SO_2　　H_2SO_4　　NaCl　　$C_6H_{12}O_6$

四、物质的量的有关计算

涉及物质的量的有关计算主要有以下几种类型。

1. 已知物质的质量，求物质的量

【例 3-1】　64g 氧气的物质的量是多少摩尔？

解　由 $M(O_2)= 32g/mol$，$m(O_2)= 64g$ 得

$$n = \frac{m}{M} = \frac{64g}{32g/mol} = 2mol$$

答：64g 氧气的物质的量是 2mol。

2. 已知物质的量，求物质的质量

【例 3-2】　物质的量是 2mol 铁原子的质量是多少克？

解　由 $M(Fe)= 56g/mol$，$n(Fe)= 2mol$ 得

$$m = n \times M = 2mol \times 56g/mol = 112g$$

答：2mol 铁原子的质量是 112g。

3. 已知宏观的物质质量，求物质的微观粒子数

【例 3-3】　4.9g 硫酸里含有多少个硫酸分子？

解　由 $M(H_2SO_4)= 98g/mol$，$m(H_2SO_4)= 4.9g$ 得

$$n = \frac{m}{M} = \frac{4.9g}{98g/mol} = 0.05mol$$

$$N = n \times N_A = 0.05mol \times 6.02 \times 10^{23}mol^{-1} = 3.01 \times 10^{22}$$

答：4.9g 硫酸里含有 3.01×10^{22} 个硫酸分子。

学习检测

3-8　46g Na 的物质的量是多少摩尔？

3-9　物质的量为 2.5mol H_2SO_4 的质量是多少克？

3-10　90g 水含有多少个水分子？

气体摩尔体积

1mol 某物质在一定条件下所具有的体积称为该物质在此条件下的摩尔体积。

摩尔体积的符号为 V_{mol}，摩尔体积的国际制单位是 m^3/mol。化学上对固态或液态物质常用 cm^3/mol 作单位，对气态物质则常用 L/mol 作单位。

实验证明，在相同状况下（即同温与同压），任何气体如果其物质的量 n 相同，则所占有的体积 V 也几乎相同。不同气体体积必须在相同状况下（即同温同压时）进行比较才有意义，通常是在标准状况下（即 0℃、101.325kPa 时的状况）进行比较。

1mol 气态物质在标准状况下（STP）的体积称为气体摩尔体积。用 $V_{m,0}$ 表示。

实验测得，在标准状况下，1mol 任何气体所占的体积基本相同，都约等于 22.4L。

在标准状况下，气体物质的量、气体体积和气体摩尔体积的关系为

$$n = \frac{V}{22.4L/mol}$$

第 2 节　溶液的浓度

一、溶液的概念

一种或几种物质以分子或离子的状态分散到另一种物质中，形成均一的、稳定的混合物体系称为溶液。其中能溶解其他物质的物质称为**溶剂**，被溶解的物质称为**溶质**。

溶液是由溶质和溶剂组成的。例如，氯化钠溶液中氯化钠是溶质，水是溶剂；葡萄糖溶液中葡萄糖是溶质，水是溶剂。水能溶解很多种物质，是最常用的溶剂。除水之外，汽油、乙醇、氯仿、苯也是常用的溶剂，统称为非水溶剂。例如，汽油能溶解油脂，乙醇能溶解碘等。一般不指明溶剂的溶液，都是指水溶液。

同一种物质在不同溶剂中的溶解性是不同的，如碘几乎不溶于水，却能溶解在汽油和四氯化碳中；高锰酸钾几乎不溶于汽油，却能溶于水中。不同的物质在同一溶剂中的溶解性也是不同的，如硝酸钠、硝酸铵在水中溶解度较大，而硫酸钡、氯化银在水中是难溶物质。

一般情况下，当气体或固体物质溶于液体物质形成溶液时，气体或固体物质是溶质，液体物质是溶剂；当两种液体物质相互溶解而形成溶液（如乙酸甲酯和乙醇）时，量少的一种液体物质称为溶质，量多的一种液体物质称为溶剂；如果两种液体物质其中一种液体是水，一般将水称为溶剂，另一种液体物质称为溶质。例如，配制乙醇水溶液时，无论浓度大小，习惯上都以乙醇为溶质，水为溶剂。

水在人体中的作用

水是人体的重要组成成分，是人体中含量最多的一种物质，约占人体体重的三分之二。人体内的水需要经常补充，成人每人每天要补充水 2.5～4L。水是非常重要的溶剂。食物中许多营养物质如糖、盐等要溶解在水中才能被吸收。水溶液在血管细胞

间不停地流动，把氧气和各类营养物质输送到组织细胞，同时又把代谢产生的废物和有毒物质运送到肾脏、大肠、皮肤和肺部，通过汗液、呼气和粪便等排出体外。

　　水不但是进行体内反应的介质，而且是一种不可缺少的反应物。例如，淀粉只有通过水解反应，才能成为葡萄糖被机体利用。将葡萄糖溶液直接注射于人体的血液，是给患者输液的形式之一。此外，水在人体内具有调节体温的作用。夏天或发烧时，人体依靠出汗来带走热量，降低体温。冬天时，水可以为身体储存热量，使体温不致因外界温度下降而明显降低。

二、溶液浓度的表示方法和计算

溶液的浓度是指一定量的溶液中所含溶质的量。 可以用下式表示：

$$溶液的浓度 = \frac{溶质的量}{溶液的量}$$

　　溶液的浓度有大有小，在实际应用中，经常需要准确掌握溶液的浓度，通过控制溶液的浓度来满足各种不同的需求。例如，化学反应、给患者用注射液、农民喷洒农药等都要求溶液具有相应的准确浓度。溶液浓度大是指溶液中所含溶质的量多，溶液浓度小是指溶液中所含溶质的量少。表示溶液组成的方法很多。同一种溶液，其溶液的浓度有多种表示方法，当前最常用的是物质的量浓度，但由于历史习惯，临床上使用百分浓度的频率仍然很高。

（一）物质的量浓度

　　溶液中溶质 B 的物质的量除以溶液的体积，称为溶质 B 的物质的量浓度。 B 的物质的量浓度表示单位体积溶液里所含溶质 B 的物质的量。B 的物质的量浓度用符号 $c(B)$ 或 c_B 表示，即

$$B的物质的量浓度 = \frac{B的物质的量}{溶液的体积}$$

定义方程式为

$$c_B = \frac{n_B}{V}$$

如果已知溶质的质量 m_B，则

$$c_B = \frac{\dfrac{m_B}{M_B}}{V}$$

$$c_B = \frac{m_B}{M_B V}$$

　　物质的量浓度的国际制单位是摩尔每立方米，符号为 mol/m^3。但在化学和医学上为了方便，物质的量浓度的常用单位是 mol/L（摩尔每升），并且把 mmol/L（毫摩尔每升）、μmol/L（微摩尔每升）作辅助单位。三者的关系为

$$1mol/L = 10^3 mmol/L = 10^6 \mu mol/L$$

例如，

$c(K^+) = 2mol/L$，表示每升溶液中含 2mol K^+；

$c(NaCl) = 154mmol/L$，表示每升溶液中含 154mmol NaCl。

有关物质的量浓度的计算，主要有下列几种类型。

1. 已知溶质 B 的物质的量，求物质的量浓度

例 3-4　在 NaOH 溶液 500mL 中含 0.5mol 的 NaOH，求该 NaOH 溶液的物质的量浓度为多少摩尔每升？

解　因为 $n(NaOH) = 0.5mol$，$V = 500mL = 0.5L$，$c_B = \dfrac{n_B}{V}$，所以

$$c(NaOH) = \frac{n(NaOH)}{V} = \frac{0.5\,mol}{0.5\,L} = 1mol/L$$

答：该 NaOH 溶液的物质的量浓度为 1mol/L。

2. 已知溶质 B 的质量和溶液体积，求物质的量浓度

例 3-5　正常人血清 100mL 中含 Ca^{2+} 10.0mg，计算正常人血清中含 Ca^{2+} 的物质的量浓度。

解　因为 $m_{Ca^{2+}} = 10.0mg = 0.010g$，$M_{Ca^{2+}} = 40.0g/mol$，$V = 100mL = 0.1L$，所以

$$c_B = \frac{n_B}{V} = \frac{m_B}{M_B V} = \frac{0.010g}{40.0(g/mol) \times 0.1L} = 2.50 \times 10^{-3} mol/L = 2.50mmol/L$$

答：正常人血清中 Ca^{2+} 的物质的量浓度为 2.50mmol/L。

3. 已知物质的量浓度和溶液体积，求溶质 B 的质量

例 3-6　求 2mol/L NaCl 溶液 500mL 中含有 NaCl 多少克？

解　因为 $c(NaCl) = 2mol/L$，$V = 500mL = 0.5L$，$M(NaCl) = 58.5g/mol$，由 $c_B = \dfrac{m_B}{M_B V}$ 得

$$m_B = c_B M_B V$$

$$m(NaCl) = 2(mol/L) \times 0.5L \times 58.5(g/mol) = 58.5g$$

答：2mol/L NaCl 溶液 500mL 中含有 NaCl 58.5g。

4. 已知溶质的质量和溶液物质的量浓度，求溶液的体积

例 3-7　用 180g 葡萄糖（$C_6H_{12}O_6$），能配制 0.278mol/L 的葡萄糖静脉注射液多少毫升？

解　因为 $c(B) = 0.278mol/L$，$m(B) = 180g$，$M(B) = 180g/mol$，由 $c_B = \dfrac{m_B}{M_B V}$ 得

$$V = \frac{m_B}{c_B M_B}$$

$$V = \frac{180g}{0.278(mol/L) \times 180(g/mol)} = 3.6L = 3600mL$$

答：用 180g 葡萄糖（$C_6H_{12}O_6$），能配制 0.278mol/L 的葡萄糖静脉注射液 3600mL。

物质的量浓度在科学上已普遍使用。世界卫生组织（World Health Organization，WHO）

建议，在医学上表示溶液浓度时，凡是相对分子质量已知的物质，均应使用物质的量浓度；对于相对分子质量未知的物质，则可用其他溶液浓度表示法。

学习检测

　　3-11　将 16g NaOH 配制成 1000mL 溶液，计算该溶液的物质的量浓度。

　　3-12　临床上纠正酸中毒时，常使用乳酸钠（$NaC_3H_5O_3$）注射液，其规格是每支 20mL 注射液中含乳酸钠 2.24g，求该注射液的物质的量浓度。

　　3-13　计算 2mol/L NaCl 溶液 1500mL 中含有 NaCl 多少克？

（二）质量浓度

　　溶液中溶质 B 的质量除以溶液的体积，称为溶质 B 的质量浓度。质量浓度用符号 ρ_B 表示，即

$$质量浓度 = \frac{溶质质量}{溶液体积}$$

　　定义方程式为

$$\rho_B = \frac{m_B}{V}$$

　　质量浓度的国际制单位是 kg/m^3。在化学和医学上为了方便，质量浓度的常用单位是 g/L（克每升），其辅助单位是 mg/L（毫克每升）、μg/L（微克每升）。三者的关系为

$$1g/L = 10^3 mg/L \qquad 1mg/L = 10^3 \mu g/L$$

例如，$\rho_{葡萄糖} = 50g/L$，表示每升溶液中含葡萄糖 50g；$\rho_{NaCl} = 9g/L$，表示每升溶液中含 NaCl 9g。

　　由于密度的表示符号是 ρ，所以特别要注意质量浓度 ρ_B 与密度 ρ 两者符号的区别，不能混用。此外两者表示的含义是不同的，质量浓度 ρ_B 等于溶质质量除以溶液体积，溶液的密度 ρ 等于溶液质量除以溶液体积。

　　例 3-8　在 500mL 生理盐水中含有 4.5g NaCl，计算生理盐水的质量浓度。

　　解　因为 $m_B = 4.5g$，$V = 500mL = 0.5L$，所以

$$\rho_{NaCl} = \frac{m_{NaCl}}{V} = \frac{4.5g}{0.5L} = 9g/L$$

　　答：生理盐水的质量浓度为 9g/L。

　　例 3-9　正常人 200mL 血浆中含血浆蛋白 14g，求血浆蛋白在血浆中的质量浓度。

　　解　因为 $m_B = 14g$，$V = 200mL = 0.2L$，所以

$$\rho_{血浆蛋白} = \frac{m_{血浆蛋白}}{V} = \frac{14g}{0.2L} = 70g/L$$

　　答：血浆蛋白的质量浓度为 70g/L。

学习检测

　　3-14　在 2000mL 葡萄糖溶液中含有 100g 葡萄糖，计算该溶液的质量浓度。

　　3-15　5000mL 质量浓度为 40g/L 硫酸钠溶液中，含硫酸钠多少克？

抗　酸　药

　　人的胃壁细胞能产生胃液，胃液里含有少量盐酸，称为胃酸。胃酸过多会导致消化不良和胃痛。抗酸药是一类治疗胃痛的药物，能中和胃里过多的胃酸，缓解胃部不适。抗酸药的种类很多，通常含有一种或多种能中和盐酸的弱碱性化学物质。抗酸药片的有效成分是氢氧化镁、氢氧化铝、碳酸镁、碳酸钙、碳酸氢钠等中的一种或几种；调味剂是糖，使药片味道更好；黏合剂是淀粉，使药片各种成分黏结便于加工成形。

（三）溶质的体积分数

　　溶质 B 的体积与溶液体积之比称为溶质的体积分数。用符号 φ_B 表示，即

$$溶质的体积分数 = \frac{溶质体积}{溶液体积} \times 100\%$$

　　定义方程式为

$$\varphi_B = \frac{V_B}{V} \times 100\%$$

　　V_B 和 V 的体积单位一般应相同，因此溶质的体积分数一般是无量纲的物理量，其值可以用小数或百分数表示。

　　例 3-10　取 1500mL 乙醇加水配成 2000mL 医用消毒酒精溶液，计算此酒精溶液中溶质酒精的体积分数。

　　解　因为 $V_B = 1500\text{mL}$，$V = 2000\text{mL}$，所以

$$\varphi_B = \frac{V_B}{V} = \frac{1500\,\text{mL}}{2000\,\text{mL}} = 0.75（或75\%）$$

　　答：该酒精溶液中溶质乙醇的体积分数为 0.75。

　　例 3-11　在 38℃时，100.0mL 人的动脉血中含氧气 19.6mL，求此温度下，人的动脉血中含氧气的体积分数。

　　解　因为 $\varphi_B = \frac{V_B}{V}$，所以

$$\varphi_{O_2} = \frac{V_{O_2}}{V} = \frac{19.6\,\text{mL}}{100.0\,\text{mL}} = 0.196（或19.6\%）$$

　　答：此温度下人动脉血中含氧气的体积分数为 0.196（或 19.6%）。

　　在临床上，常用到红细胞压积的概念，它是指红细胞在全血中所占的体积分数，正常人的红细胞压积为 $\varphi_B = 0.37\sim0.50$。

（四）溶质的质量分数

　　溶质 B 的质量与溶液质量之比称为溶质的质量分数。用符号 ω_B 表示，即

$$溶质的质量分数 = \frac{溶质质量}{溶液质量} \times 100\%$$

定义方程式为

$$\omega_B = \frac{m_B}{m} \times 100\%$$

m_B 表示溶质质量，m 表示溶液质量，B 表示溶质。因为 m_B 和 m 的单位通常应相同，因此溶质的质量分数是一个无量纲的物理量，其值可以用小数或百分数表示。

例3-12　将 10g KCl 溶于 100g 水中配成溶液，计算此溶液中溶质 KCl 的质量分数。

解　因为 $m_B = 10g$，$m = 100g + 10g = 110g$，所以

$$\omega_B = \frac{m_B}{m} = \frac{10g}{110g} = 0.091（或9.1\%）$$

答：此溶液中溶质 KCl 的质量分数为 0.091（或 9.1%）。

3-16　配制溶质的体积分数为 25% 的甘油溶液 2000mL，需甘油多少毫升？

3-17　某温度时，蒸干 70g 氯化钾溶液，得到 14g 氯化钾，计算该溶液中溶质的质量分数。

知识链接

临床上常用的胶体溶液

（1）右旋糖酐，常用的溶液分两种：①中分子右旋糖酐：可提高血浆胶体渗透压，扩充血容量；②低分子右旋糖酐：可降低血液黏稠度，改善微循环。

（2）代血浆，增加血浆渗透压及循环血量，常用羟乙基淀粉（706）、氧化聚明胶和聚维酮等溶液，可在急性大出血时与全血共用。

（3）浓缩白蛋白注射液，可提高胶体渗透压，补充蛋白质，减轻组织水肿。

（4）水解蛋白注射液，用以补充蛋白质，纠正低蛋白血症，促进组织修复。

三、溶液浓度的换算

（一）物质的量浓度与质量浓度之间的换算

物质的量浓度与质量浓度是两种常用的浓度表示方法，根据它们的基本定义，可以求出它们之间的换算关系为

$$c_B = \frac{\rho_B}{M_B} \text{或} \rho_B = c_B M_B$$

例3-13　临床上纠正酸中毒用的乳酸钠（$NaC_3H_5O_3$）注射液的物质的量浓度为 1mol/L，该注射液的质量浓度是多少克每升？

解　因为 $c_B = 1mol/L$，$M_B = 112g/mol$，$\rho_B = C_B M_B$，所以

$$\rho(NaC_3H_5O_3) = 1(mol/L) \times 112(g/mol) = 112g/L$$

答：该注射液的质量浓度是 112g/L。

例 3-14 50g/L 碳酸氢钠（$NaHCO_3$）注射液的物质的量浓度是多少摩尔每升？

解 因为 $M_{NaHCO_3} = 84g/mol$，$\rho_{NaHCO_3} = 50g/L$，所以

$$c_{NaHCO_3} = \frac{\rho_{NaHCO_3}}{M_{NaHCO_3}} = \frac{50g/L}{84g/mol} = 0.6mol/L$$

答：50g/L 碳酸氢钠注射液的物质的量浓度为 0.60mol/L。

（二）物质的量浓度与溶质的质量分数之间的换算

溶质的质量分数是用质量表示溶液的量，而物质的量浓度是以体积表示溶液的量。在进行浓度换算时，需要知道溶液的密度 ρ，根据它们的基本定义，可以导出它们之间的换算关系为

$$\omega_B = \frac{c_B M_B}{\rho} \text{ 或 } c_B = \frac{\omega_B \rho}{M_B}$$

例 3-15 已知硫酸溶液的质量分数 $\omega_B = 0.98$，$\rho = 1.84kg/L$，计算此硫酸溶液的物质的量浓度。

解 因为 $\omega_B = 0.98$，$\rho = 1.84kg/L = 1840g/L$，$M_{H_2SO_4} = 98g/mol$，所以

$$c_{H_2SO_4} = \frac{\omega_{H_2SO_4}\rho_{H_2SO_4}}{M_{H_2SO_4}} = \frac{0.98 \times 1840(g/L)}{98g/mol} = 18.4mol/L$$

答：此硫酸溶液的物质的量浓度为 18.4mol/L。

 学习检测

3-18 质量浓度 20g/L 的氢氧化钠溶液的物质的量浓度是多少摩尔每升？

3-19 物质的量浓度 0.5mol/L 的葡萄糖溶液的质量浓度是多少克每升？（葡萄糖分子式为 $C_6H_{12}O_6$）

知识链接

乳浊液和悬浊液

如果把水和少量植物油加入玻璃杯中，用力振荡可以得到乳状浑浊的乳浊液，在这种液体里分散着不溶于水的、由许多分子集合而成的小液滴。这种乳浊液不稳定，经过静置，植物油逐渐浮出水面，分为油和水上下两层。

假如把少量泥土放入水中搅拌时，也会得到浑浊的悬浊液。这种液体中悬浮着很多不溶于水的固体小颗粒，使液体呈现浑浊状态。悬浊液不稳定，静置后其中的固体小颗粒会沉降下来。

乳浊液和悬浊液有广泛的用途。例如，用 X 射线检查肠胃病时，让患者服用的钡餐就是硫酸钡的悬浊液。粉刷墙壁用的乳胶漆是乳浊液。在农业上，为了合理使用农药，常把不溶于水的固体或液体农药配制成悬浊液或乳浊液，用来喷洒受病虫害的农作物。这样农药药液散失的少，附着在叶面上的多，药液喷洒均匀，既节省农药，又提高药效，而且使用很方便。

四、溶液的配制和稀释

（一）溶液的配制

溶液配制的基本方法有以下两种。

1. 一定质量溶液的配制

用溶质的质量分数表示溶液的浓度时采用此法配制较方便。这种溶液的配制是将一定质量的溶质和溶剂混合均匀即得。

例 3-16 如何配制 500g 溶质的质量分数为 10%的 NaCl 溶液？

解 ①计算：500g 溶液中含 NaCl 的质量为

$$m(\text{NaCl}) = 10\% \times 500\text{g} = 50\text{g}$$

配制该溶液所需水的质量为

$$m(\text{H}_2\text{O}) = 500\text{g}–50\text{g} = 450\text{g}$$

②称量：用托盘天平称量 50g NaCl，放入烧杯中。

③量取：用量筒量取 450mL 水（水的密度为 1g/mL），倒入盛有氯化钠的烧杯中。

④溶解：用玻璃棒搅拌，使氯化钠溶解。

混合均匀后即配制成质量分数为 10%的 NaCl 溶液 500g。

2. 一定体积溶液的配制

用物质的量浓度、质量浓度和溶质的体积分数等浓度表示的溶液采用此法配制。由于溶质和溶剂混合后的体积一般不等于溶质和溶剂独立存在的体积，配制这些溶液时，是将一定量的溶质与适量的溶剂混合，使溶质完全溶解，然后再加溶剂到要配制的体积，最后用玻璃棒搅匀。

例 3-17 怎样配制 1000mL 的 0.5mol/L NaHCO₃ 溶液？

解 ①计算：$V = 1000\text{mL} = 1\text{L}$，$M_{\text{NaHCO}_3} = 84\text{g}/\text{mol}$，

$$n_{\text{NaHCO}_3} = c_{\text{NaHCO}_3} V = 0.5(\text{mol/L}) \times 1\text{L} = 0.5\text{mol}$$

$$m_{\text{NaHCO}_3} = n_{\text{NaHCO}_3} M_{\text{NaHCO}_3} = 0.5\text{mol} \times 84(\text{g/mol}) = 42\text{g}$$

②称量：用托盘天平称量 42g NaHCO₃，放入烧杯中。

③溶解：用量筒量取 50～70mL 蒸馏水倒入盛有碳酸氢钠的烧杯中，用玻璃棒搅拌使其完全溶解。

④转移：用玻璃棒将烧杯内的溶液引流入 1000mL 容量瓶中，然后用少量蒸馏水洗涤烧杯 2～3 次，每次的洗涤液都引入容量瓶中。

⑤定容：向容量瓶中缓慢加蒸馏水，当加到离标线 2～3cm 处时，改用胶头滴管滴加蒸馏水，加至溶液凹液面最低处与标线平视相切。盖好瓶塞，将溶液混匀。

⑥备用：把配制好的溶液装入试剂瓶中，盖好瓶塞并贴上标签（标签上应包括药品名称和溶液浓度），作为备用。

（二）溶液的稀释

溶液的稀释是把浓溶液配制成稀溶液，在浓溶液中加入溶剂后，溶液的体积增大而浓度变小的过程。

在实际工作中经常需要进行稀溶液的配制,在市场上所购的分析纯或其他高浓度的溶液必须先稀释后再使用,如浓硫酸、浓盐酸和农药的稀释等。临床上更是经常要配制和稀释注射液和其他溶液。

由于稀释过程是向浓溶液中只加溶剂而不加溶质,因此溶液在稀释前和稀释后溶质的量保持不变。即稀释原理为

$$稀释前溶质的量 = 稀释后溶质的量$$

$$c(浓溶液) \times V(浓溶液) = c(稀溶液) \times V(稀溶液)$$

或

$$c_1 V_1 = c_2 V_2$$

此原理的表示式被称为稀释公式。式中,c 为与溶液体积有关的浓度;V 为体积;c_1 和 V_1 分别为稀释前浓溶液的浓度和体积;c_2 和 V_2 分别为稀释后稀溶液的浓度和体积。

应用此式时,c_1 和 c_2 必须用相同的浓度表示法,V_1 和 V_2 也必须采用相同的体积单位。需要强调的是,若稀释前后浓度表示法或体积单位不同,必须先换算一致后,方可代入稀释公式计算。

例 3-18 配制 100mL 的 0.2mol/L 盐酸溶液,需取 2mol/L 盐酸溶液多少毫升?如何配制?

解 ①计算:设需 2mol/L 盐酸的体积为 V_1 毫升。

$c_1 = 2mol/L$,$c_2 = 0.2mol/L$,$V_2 = 100mL$,$V_1 = ?$

根据稀释公式,有

$$V_1 = \frac{c_2 V_2}{c_1} = \frac{0.2(mol/L) \times 100mL}{2mol/L} = 10mL$$

答:需取 2mol/L 盐酸溶液 10mL。

②移取:用 10mL 吸量管吸取 10mL 2mol/L 盐酸溶液移至 50mL 烧杯中。

③稀释:用量筒量取 20mL 蒸馏水倒入烧杯中,用玻璃棒缓慢搅动使其混匀。

④转移:将烧杯内的溶液用玻璃棒引流入 100mL 容量瓶中,然后用少量蒸馏水洗涤烧杯 2~3 次,每次的洗涤液都引入容量瓶中。

⑤定容:向容量瓶中缓慢加蒸馏水,当加到离标线 2~3cm 处时,改用胶头滴管滴加蒸馏水,加至溶液凹液面最低处与标线平视相切。盖好瓶塞,将溶液混匀。

⑥备用:把配制好的溶液装入试剂瓶中,盖好瓶塞并贴上标签(标签上应写明药品名称和溶液浓度),作为备用。

📖 学习检测

3-20 某学生用容量瓶配制溶液,加水时不慎超过了刻度线,他把水倒出一些,重新加水至刻度线。这样配制的溶液浓度符合要求吗?

3-21 如果将 20mL 浓盐酸稀释成 200mL 的稀盐酸,配制的稀盐酸与原浓盐酸中所含 HCl 的物质的量相等吗?为什么?

3-22 如何配制 2mol/L NaCl 溶液 100mL?写出详细的配制步骤。

高分子化合物

　　高分子化合物，简称高分子，是由几千个甚至几万个原子构成的大分子化合物，它们的结构复杂，相对分子质量在 10000 以上，甚至高达几百万。淀粉、蛋白质、核酸、橡胶、塑料等都是高分子化合物。

　　人类的活动与高分子化合物有着密切的关系。在日常生活中，人们一直在应用天然的高分子化合物，如日常膳食的淀粉和蛋白质，衣着的棉、麻、丝、毛和皮等，都是天然的高分子化合物。

　　近年来，医用高分子材料的研究与发展突飞猛进，从人工器官到高效、定向的高分子药物控缓释体系的研究，几乎遍及生物医学的各个方面。医用高分子是一门生命科学、材料科学与高分子化学交叉的新兴学科，是功能高分子中最重要和发展最快的一个领域，也是高分子科学的前沿。

第3节　溶液的渗透压

一、渗透现象和渗透压

　　假定在很浓的蔗糖溶液的液面上缓缓地加水，由于分子运动的结果，水分子会从上层进入下层，同时蔗糖分子从下层进入上层。很快上面的水也有甜味了，一段时间后形成了浓度均一的蔗糖溶液，此过程称为扩散。任何溶液与纯溶剂或者两种浓度不同的溶液混合后，都会产生扩散现象。

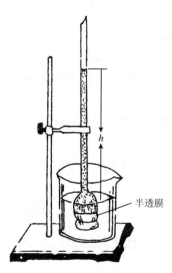

图 3-1　渗透现象示意图

　　有一种性质特殊的薄膜，只允许较小的溶剂水分子自由通过而溶质分子很难通过，这类薄膜称为**半透膜**。有自然存在的半透膜，像生物的细胞膜、膀胱膜、肠衣、鸡蛋衣等；也有工业生产的半透膜，如硫酸纸、火棉胶、玻璃纸和羊皮纸等。如果用半透膜将纯水和浓蔗糖溶液隔开，会产生哪种现象呢？

　　下面通过简易的化学实验说明发生的现象。如图 3-1 所示，用半透膜盛装 500g/L 浓蔗糖溶液，扎紧在长颈漏斗口，然后将其固定安装在铁架台上，放入盛有一定量水的大烧杯中，先让长颈漏斗内和烧杯里的液面相平。紧接着可以发现长颈漏斗中液面会缓慢升高，升到某个高度（h）后就静止不动了。液面上升的原因是烧杯内的水分子透过半透膜进入浓蔗糖溶液中。**溶剂分子透过半透膜由纯溶剂进入溶液或由稀溶液进入浓溶液的现象称为渗透现象，简称渗透。**

　　渗透现象的产生可以用分子运动学说来阐述。由于在半透膜内是浓蔗糖溶液，而膜外是纯水，所以半透膜两边单位体积内水分子的数目是不相等的，蔗糖溶液中单位体积水分子个数要少于纯溶剂单位体积水分子个数。因此，一段时间内从纯溶剂进入蔗糖溶液的水分子数要比从浓蔗糖溶液进入纯水中的水分子数多很多，从而产生了渗透现象。结果表现为水分子不断透过半透膜渗入蔗糖溶液，使蔗糖溶液的浓度逐渐变稀而体积逐渐增大，长颈漏斗中溶液的液面缓慢上升，液面上升到一定高度后停止。

为什么液面上升到一定高度后静止不动呢？这是由于随着渗透的进行，管内溶液液面不断升高，产生液体压力（$P = \rho g h$），管内液柱压力产生的阻力渐渐增大，使纯水中的水分子透过半透膜从外渗入蔗糖溶液的速率逐渐变慢。当管中的液面上升到某一高度时，由于液体压力存在，水分子透过半透膜向里外两个方向渗出的速率处于相等的状况，此时从纯水进入溶液的水分子数与从溶液进入纯水的水分子数相等，体系达到动态平衡，称为渗透平衡。此时产生的现象是管内液面高度静止不动，渗透现象表面上不再进行。此时管内液柱所产生的压强称为蔗糖溶液的渗透压。

上述实验如果改用半透膜把浓溶液与稀溶液两种不同浓度的溶液隔开，同样会发生渗透现象，总的结果是水分子透过半透膜从稀溶液渗入浓溶液中去。

综上所述，**产生渗透现象须具备两个条件：一是有半透膜存在；二是半透膜两侧溶液有浓度差**。渗透现象的本质是水分子由纯水向溶液渗透或者由稀溶液向浓溶液渗透，但必须有半透膜存在，否则不会产生渗透现象，只会出现扩散现象。

渗透压的大小可以用管内与管外液面高度之差（h）来测定。管内外液面高度之差产生的压强就是该溶液的渗透压。**将两种浓度不同的溶液用半透膜隔开，恰能阻止渗透现象继续发生，而达到动态平衡的压力，称为渗透压。**

渗透压的单位为帕（Pa）或千帕（kPa），医学上常用千帕（kPa）。

学习检测

3-23 什么是半透膜？扩散与渗透有什么不同？

3-24 产生渗透现象要具备什么条件？

二、渗透压与溶液浓度的关系

凡是溶液都有渗透压。溶液浓度不同，渗透压不同。大量科学实验证明：**在一定温度下，稀溶液渗透压与单位体积溶液中所含溶质的总粒子数目（分子或离子）成正比，而与溶质的本性无关**。此规律称为渗透压定律。

溶液中所有能产生渗透作用的溶质粒子的总浓度称为渗透浓度。在医学上常用 c_{os} 表示，单位是 mmol/L。渗透浓度越小，溶液的渗透压就越小；渗透浓度越大，溶液的渗透压就越大；渗透浓度相等，溶液的渗透压相等。因此，如果比较溶液的渗透压大小，只需比较两者的渗透浓度大小。

非电解质溶液与强电解质溶液在计算渗透浓度时是不同的。

非电解质不电离，渗透浓度等于溶液浓度。在非电解质溶液中，由于不能产生电离，一个分子就是一个粒子，发生渗透作用的粒子就是非电解质分子。对于不同的非电解质溶液，在相同温度下，只要物质的量浓度相同，单位体积内溶质的粒子数目就相同，它们的渗透压也必然相等。

例如，葡萄糖和蔗糖都是非电解质，当葡萄糖（$C_6H_{12}O_6$）溶液和蔗糖（$C_{12}H_{22}O_{11}$）溶液的浓度同为 0.2mol/L 时，两者的渗透浓度也为 0.2mol/L，则两者的渗透压相等。当两种非电解质溶液的物质的量浓度不同时，浓度较大的溶液，渗透压也较大。例如，c（葡萄糖）= 0.4mol/L 溶液的渗透压是 c(蔗糖) = 0.2mol/L 溶液渗透压的 2 倍。

强电解质溶液完全电离，渗透浓度大于溶液浓度。在强电解质溶液中，发生渗透作用的粒子是离子。由于强电解质完全电离成了离子，使溶液中的粒子数成倍增加。强电解质溶液中溶质粒子的浓度是电离出的阴、阳离子的物质的量浓度的总和，因此强电解质溶液的渗透浓度一般是溶液浓度的若干倍。不同的强电解质溶液，由于电离产生的离子数量不同，即使物质的量浓度相等，渗透压也未必相等。

例 3-19　比较 0.2mol/L NaCl 溶液与 0.2mol/L MgCl$_2$ 溶液的渗透压大小。

解　NaCl、MgCl$_2$ 是强电解质，在水中全部电离。

$$NaCl \Longrightarrow Na^+ + Cl^-$$
$$MgCl_2 \Longrightarrow Mg^{2+} + 2Cl^-$$

0.2mol/L NaCl 溶液中离子总浓度为 0.4mol/L；而 0.2mol/L MgCl$_2$ 溶液中离子总浓度为 0.6mol/L。所以 0.2mol/L MgCl$_2$ 溶液的渗透压大于 0.2mol/L NaCl 溶液的渗透压。

例 3-20　比较 0.308mol/L 葡萄糖溶液和 9g/L NaCl 溶液的渗透压。

解　先将 9g/L NaCl 溶液的质量浓度换算成物质的量浓度。

$$c_{NaCl} = \frac{\rho_{NaCl}}{M_{NaCl}} = \frac{9g/L}{58.5g/mol} = 0.154mol/L$$

$$NaCl \Longrightarrow Na^+ + Cl^-$$

NaCl 溶液中渗透浓度为 0.154(mol/L)×2 = 0.308mol/L。而葡萄糖是非电解质，不能电离，渗透浓度等于溶液浓度 0.308mol/L。

答：0.308mol/L 葡萄糖溶液与 9g/L NaCl 溶液的渗透压相等。

学习检测

3-25　什么是渗透压定律？

3-26　电解质与非电解质在计算渗透浓度时，有什么不同？

3-27　在 37℃时，NaCl 溶液与葡萄糖溶液的渗透压相等，则两溶液的物质的量浓度关系是（　　）。

A. c(NaCl) = c(葡萄糖)　　　　　　B. c(NaCl) = 2c(葡萄糖)

C. c(葡萄糖) = 2c(NaCl)　　　　　D. c(NaCl) = 3c(葡萄糖)

三、渗透压在医学上的意义

（一）渗透浓度和血浆渗透压

医学上除了用千帕（kPa）表示溶液渗透压外，还常采用毫渗摩尔浓度，又称毫渗量每升（mOsmol/L）。毫渗量每升是指溶液中能产生渗透效应的各种物质粒子（分子或离子）的总浓度以毫摩尔每升来计算的渗透压单位。正常人血浆的渗透压为 720～800kPa，相当于血浆中各种阴阳离子的总渗透浓度为 280～320mmol/L 产生的渗透压。

（二）等渗溶液、低渗溶液与高渗溶液

溶液都有渗透压，溶液渗透压的高低是相对的。**在相同温度下，渗透压相等的两种溶液，**

称为等渗溶液；对于渗透压不相等的两种溶液，渗透压高的溶液称为高渗溶液，渗透压低的溶液称为低渗溶液。

在临床工作中，溶液的等渗、高渗或低渗是以人体血浆总渗透浓度作为判断标准的。医学上规定，凡临床上注射用的溶液，渗透浓度在 280～320mmol/L 范围内的溶液称为等渗溶液；渗透浓度低于 280mmol/L 的称为低渗溶液；渗透浓度高于 320mmol/L 的称为高渗溶液。在实际应用中，略低于 280mmol/L 或略高于 320mmol/L 的溶液，在临床上也作为等渗溶液使用。

临床上常用的等渗溶液有：0.154mol/L（9g/L）NaCl 溶液（生理盐水）；0.278mol/L（50g/L）葡萄糖溶液；1/6mol/L（18.7g/L）乳酸钠溶液；0.149mol/L（12.5g/L）$NaHCO_3$ 溶液。

临床上常用的高渗溶液有：2.78mol/L（500g/L）葡萄糖溶液；0.60mol/L（50g/L）$NaHCO_3$ 溶液；0.278mol/L 葡萄糖氯化钠溶液（生理盐水中含 0.278mol/L 葡萄糖），毫摩尔浓度应为 278mmol/L + 308mmol/L = 586mmol/L。

输液是临床治疗中常用的方法之一。输液应该掌握的基本原则是不因输入液体而影响血浆渗透压。所以**大量输液时，应该使用等渗溶液。**

因为细胞膜是半透膜，若细胞膜内外的溶液浓度不相等，就会发生渗透现象。下面分析讨论红细胞分别在三种不同浓度的 NaCl 溶液中所产生的现象。

（1）如将红细胞置于高渗的 0.256mol/L NaCl 溶液中，在显微镜下可以看到红细胞逐渐皱缩，这种现象称为**胞浆分离**。因为这时红细胞内液的渗透压小于外面的 0.256mol/L NaCl 溶液的渗透压，因此水分子由红细胞内向外渗透，使红细胞皱缩。

（2）如将红细胞置于等渗的 0.154mol/L（9g/L）NaCl 溶液中，在显微镜下看到红细胞维持原状。这是因为红细胞与生理盐水渗透压相等，细胞内外处于渗透平衡。

（3）如将红细胞置于低渗的 0.068mol/L NaCl 溶液中，在显微镜下可以看到红细胞逐渐膨胀，最后破裂，医学上称这种现象为**溶血**。这是因为红细胞内液的渗透压大于外面的 0.068mol/L NaCl 溶液的渗透压，因此水分子就要向红细胞内渗透，使红细胞膨胀，以致破裂。图 3-2 为红细胞在三种不同浓度 NaCl 溶液中的形态图。

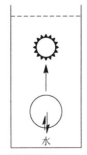  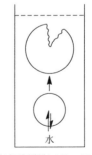

(a) 红细胞置于0.256mol/L　　(b) 红细胞置于0.154mol/L　　(c) 红细胞置于0.068mol/L NaCl
NaCl溶液中逐渐皱缩　　　　NaCl溶液中保持原来形状　　溶液中逐渐膨胀，最后破裂

图 3-2　红细胞在不同浓度 NaCl 溶液中的形态示意图

在临床工作中，不仅大量补液时要注意溶液的渗透压，即使小剂量注射时，也要考虑注射液的渗透压。但临床上因为治疗需要常使用高渗溶液，如对急需增加血液中葡萄糖的患者，就必须注射渗透压比血浆约高 10 倍的 2.78mol/L 葡萄糖溶液；因为用等渗葡萄糖溶液，注射液体积太大，注射时间太长，收效慢，耽误治疗。

用高渗溶液作静脉注射时，需要注意注射速度一定要缓慢，高渗溶液浓度越大，滴注速度就应越慢；当高渗溶液缓慢注入体内时，可逐渐被大量体液稀释成等渗溶液，从而处于安全状况。如果滴注速度过快，注入体内的高渗溶液来不及稀释形成体液局部高渗引起红细胞皱缩，造成患者的危险状况。

3-28　什么是等渗溶液、高渗溶液、低渗溶液？

3-29　临床上常用的等渗溶液有哪些？

3-30　临床上大量输液时，为什么应该使用等渗溶液？若需用高渗溶液，输液时应注意什么？

知识链接

晶体渗透压与胶体渗透压

人体血浆中既有小分子（如葡萄糖等）和小离子（如 Na^+、Cl^-、HCO_3^- 等），也有大分子和大离子胶体物质（如蛋白质、核酸等）。血浆总渗透压是这两类物质所产生的渗透压的总和。**由小分子和小离子所产生的渗透压称为晶体渗透压；由大分子和大离子所产生的渗透压称为胶体渗透压**。晶体渗透压和胶体渗透压具有不同的生理功能。

细胞膜是一种间隔着细胞内液和细胞外液的半透膜，它只允许水分子自由透过而不允许其他分子和离子透过。由于晶体渗透压远大于胶体渗透压，因此水分子的渗透方向主要取决于晶体渗透压。当人体缺水时，细胞外液各种溶质的浓度升高，外液的晶体渗透压增大，于是细胞内液中的水分子将向细胞外液渗透，造成细胞皱缩。如果大量饮水，会导致细胞外液晶体渗透压减小，水分子透过细胞膜向细胞内液渗透，使细胞肿胀，严重时可引起水肿。

毛细血管壁也是体内的一种半透膜。晶体渗透压对维持血管内外血液和组织间液的水盐平衡不起作用，因此这一平衡只取决于胶体渗透压。人体因某种原因导致血浆蛋白质减少时，血浆的胶体渗透压降低，血浆中的水和其他小分子、小离子就会透过毛细血管壁而进入组织间液，导致血容量（人体血液总量）降低，组织间液增多，这是形成水肿的原因之一。临床上对大面积烧伤或由于失血造成血浆的胶体渗透压降低的患者，补液时，除补充生理盐水外，还需要同时输入血浆或右旋糖酐等代血浆，才能够恢复胶体渗透压和增加血容量。

本章知识点总结

一、物　质　的　量

知识点	知识内容
物质的量	物质的量是表示以某一特定数目的基本单元（粒子）为集体数目及其倍数的物理量。符号 n_B 或 $n(B)$

续表

知识点	知识内容
摩尔	摩尔是一系统的物质的量,该系统中所含的基本单元数与 0.012kg ^{12}C 的原子数目相同。摩尔是物质的量的单位。1mol 物质含 6.02×10^{23} 个基本单元
阿伏伽德罗常量	1mol 任何粒子的粒子数目称为阿伏伽德罗常量,用符号 N_A 表示,$N_A=6.02\times10^{23}mol^{-1}$
摩尔质量	单位物质的量的物质所具有的质量称为摩尔质量,符号 M_B 或 $M(B)$,常用单位 g/mol
基本单元 B 的摩尔质量	任何物质的基本单元 B 的摩尔质量如果以 g/mol 为单位,其数值就等于该物质的化学式量
物质的量的计算公式	$物质的量=\dfrac{基本单元数(粒子数)}{阿伏伽德罗常量}$　　$n=\dfrac{N}{N_A}$ $物质的量=\dfrac{物质的质量}{摩尔质量}$　　$n=\dfrac{m}{M}$

二、溶 液 浓 度

表示方法	概念	符号	关系式	常用单位
物质的量浓度	溶液中溶质 B 的物质的量除以溶液的体积	c_B 或 $c(B)$	$c_B=\dfrac{n_B}{V}$	mol/L
质量浓度	溶液中溶质 B 的质量除以溶液的体积	ρ_B 或 $\rho(B)$	$\rho_B=\dfrac{m_B}{V}$	g/L
溶质的体积分数	溶质 B 的体积分数是指 B 的体积 V_B 与溶液的体积 V 之比	φ_B 或 $\varphi(B)$	$\varphi_B=\dfrac{V_B}{V}$	无单位
溶质的质量分数	溶质 B 的质量分数是指 B 的质量 m_B 与溶液的质量 m 之比	ω_B 或 $\omega(B)$	$\omega_B=\dfrac{m_B}{m}$	无单位

三、溶液浓度的换算和稀释

知识点	知识内容
物质的量浓度与质量浓度之间的换算	$\rho_B=c_B M_B$ 或 $c_B=\dfrac{\rho_B}{M_B}$
物质的量浓度与溶质的质量分数间的换算	$c_B=\dfrac{\omega_B\rho}{M_B}$ 或 $\omega_B=\dfrac{c_B M_B}{\rho}$
稀释公式	$c_1V_1=c_2V_2$

四、溶液的渗透压

知识点	知识内容
渗透现象	溶剂分子透过半透膜由纯溶剂进入溶液(或由稀溶液进入浓溶液)的现象,称为渗透现象,简称渗透
渗透压	将两种浓度不同的溶液用半透膜隔开,恰能阻止渗透现象继续发生,而达到动态平衡的压力,称为渗透压
渗透压与溶液浓度的关系	在一定温度下,稀溶液渗透压与单位体积溶液中所含溶质的总粒子数目(分子或离子)成正比,而与溶质的本性无关。此规律称为渗透压定律
渗透浓度	溶液中所有能产生渗透作用的溶质粒子的总浓度称为渗透浓度。在医学上常用 c_{os} 表示,单位是 mmol/L
渗透压在医学上的意义	临床上规定凡渗透压在 280~320mmol/L 范围内的溶液称为等渗溶液;浓度低于 280mmol/L 的溶液称为低渗溶液;浓度高于 320mmol/L 的溶液称为高渗溶液。临床上给患者输入大量液体时,必须使用等渗溶液,若需输入高渗溶液,须严格控制用量和注射速度

自测题

一、名词解释

1. 物质的量　2. 摩尔　3. 摩尔质量
4. 溶液　5. 溶液的浓度　6. 物质的量浓度
7. 质量浓度　8. 渗透现象　9. 渗透压
10. 渗透浓度　11. 等渗、低渗、高渗溶液

二、填空题

1. 氢氧化钾的摩尔质量 $M(KOH) =$ _____，28g KOH 的物质的量 $n(KOH) =$ _____。

2. 3mol $CaCO_3$ 中 $m(CaCO_3) =$ _____，64g SO_2 中的分子个数 $N(SO_2) =$ _____。

3. 2mol H_2O 的分子数 $N(H_2O) =$ _____，质量 $m(H_2O) =$ _____。

4. 世界卫生组织建议：在医学上表示液体浓度时，可用_____和_____，它们的常用单位分别是_____和_____。

5. 临床上规定凡渗透压在280～320mmol/L 范围内的溶液称为_____；浓度低于 280mmol/L 的溶液称为_____；浓度高于 320mmol/L 的溶液称为_____。

6. 非电解质溶液与强电解质溶液在计算_____时是不同的；非电解质不电离，渗透浓度_____溶液浓度；强电解质溶液完全电离，渗透浓度_____溶液浓度。

三、选择题

1. 物质的量是表示（　　）。
   A. 物质数量的量
   B. 物质质量的量
   C. 物质基本单元数目的量
   D. 物质单位的量

2. Ca 的摩尔质量为（　　）。
   A. 40　　B. 40g　　C. 40mol　D. 40g/mol

3. 静脉快速滴注 500g/L 葡萄糖溶液，红细胞结果会（　　）。
   A. 正常　　　　　B. 基本正常
   C. 皱缩　　　　　D. 溶血

4. 0.149mol/L $NaHCO_3$ 溶液的渗透浓度（以 mmol/L 表示）为（　　）。
   A. 0.149　B. 149　　C. 0.298　D. 298

5. 下列 4 种质量浓度相同的溶液中，渗透压最大的是（　　）。
   A. 蔗糖溶液　　　　B. 葡萄糖溶液
   C. KCl 溶液　　　　D. NaCl 溶液

6. 500mL 0.154mol/L NaCl 溶液中，Na^+ 的渗透浓度为（　　）。
   A. 308mmol/L　　　B. 154mmol/L
   C. 0.308mmol/L　　D. 0.154mmol/L

7. 会使红细胞发生皱缩的是（　　）。
   A. 12.5g/L $NaHCO_3$ 溶液
   B. 4.5g/L NaCl 溶液
   C. 112g/L 乳酸钠溶液
   D. 50g/L 葡萄糖溶液

8. 已知 $MgCl_2$ 溶液与蔗糖溶液的渗透浓度均为 300mmol/L，则两者物质的量浓度的关系为（　　）。
   A. $c(蔗糖) = 3c(MgCl_2)$
   B. $c(CaCl_2) = 3c(蔗糖)$
   C. $c(蔗糖) = c(MgCl_2)$
   D. $c(蔗糖) = 2c(MgCl_2)$

9. 下面叙述错误的是（　　）。
   A. 在维持细胞内外渗透平衡方面，胶体渗透压起主要作用
   B. 在维持毛细血管内外渗透平衡方面，胶体渗透压起主要作用
   C. 血浆中胶体渗透压较小
   D. 晶体渗透压和胶体渗透压都很重要

10. 将 100g/L NaCl 溶液与100g/L 葡萄糖溶液以任意体积比混合后，其混合液（　　）。
    A. 一定是低渗溶液
    B. 一定是等渗溶液
    C. 一定是高渗溶液
    D. 不能肯定是等、高、低渗溶液

11. 影响渗透压的因素有（　　）。
    A. 压力、温度　　　B. 浓度、温度

C. 浓度、压力　　　D. 压力、密度

四、简答题

1. 分别比较下列各组溶液中两种溶液渗透压的高低，各组中两溶液如用半透膜隔开，指出渗透方向。

（1）50g/L 葡萄糖溶液与 50g/L 蔗糖溶液；

（2）1mol/L 葡萄糖溶液与 1mol/L 蔗糖溶液；

（3）0.2mol/L 葡萄糖溶液与 0.2mol/L NaCl 溶液；

（4）0.2mol/L NaCl 溶液与 0.2mol/L $CaCl_2$ 溶液。

2. 从 100mL 9g/L NaCl 溶液中取出 10mL，取出的溶液的质量浓度是多少？

3. 从 1L 1mol/L 葡萄糖溶液中取出 100mL，取出的溶液的物质的量浓度是多少？

4. 产生渗透现象的条件是什么？

5. 任何物质的基本单元 B 的摩尔质量如果以 kg/mol 为单位，其数值是否等于该物质的化学式量？

五、判断题

1. 质量浓度是表示 1L 溶液中所含溶质的质量。（　　）

2. 64g 氧气中含有 $6.02×10^{23}$ 个氧分子。（　　）

3. 10mL 1mol/L 的硫酸溶液比 100mL 1mol/L 的硫酸溶液浓度小。（　　）

4. 将红细胞放入某氯化钠水溶液中出现溶血，该氯化钠溶液为低渗溶液。（　　）

5. 两个等渗溶液以任意体积比混合所得溶液仍为等渗溶液（设无化学反应发生）。（　　）

（丁宏伟）

第 4 章 化学反应速率和化学平衡

📖 学习重点

1. 化学反应速率的概念、表示方法及有关计算。
2. 浓度、压强、温度和催化剂等对化学反应速率的影响。
3. 化学平衡状态及其特征。
4. 浓度、压强和温度对化学平衡移动的影响。

生活和生产中，经常发生各种化学反应。对于化学反应，主要涉及两方面的问题：一是化学反应的快慢，即化学反应速率问题；二是化学反应进行的程度，即化学平衡问题。

第 1 节　化学反应速率

一、化学反应速率的概念和计算

在日常生活和生产实践中的各类化学反应，有的快到瞬间完成，如炸药的爆炸、胶片的感光、离子间的反应等；有的比较慢，如食品、药品有一定保质期；有的则很慢，甚至察觉不出有变化，如钢铁的生锈、塑料的老化等，而煤和石油的形成则需要几十万年甚至亿万年的时间。通过学习本节内容，了解如何有效控制化学反应的快慢，使化学更好地为生产和生活服务。

化学反应速率（以符号 v 来表示）是用来衡量化学反应快慢的物理量，常用单位时间内某种反应物浓度的减少或某种生成物浓度的增加量来表示。浓度常以 mol/L 为单位，时间以秒（s）、分钟（min）或小时（h）为单位。因其数学表达式为：$v = \Delta c / \Delta t$（$\Delta c = c_2 - c_1$，$\Delta t = t_2 - t_1$），因此化学反应速率的单位可以用 mol/(L·s)、mol/(L·min)、mol/(L·h) 等。

例如，合成氨的反应 $N_2 + 3H_2 \rightleftharpoons 2NH_3$，经过 2min，$NH_3$ 的浓度增加了 0.4mol/L，N_2 的浓度由原来的 2.0mol/L 减小到 1.8mol/L，而 H_2 的浓度减少了 0.6mol/L。

以 NH_3、N_2、H_2 的浓度表示的化学反应速率分别为

$$v(NH_3) = \frac{0.4mol/L}{2\min} = 0.2mol/(L \cdot min)$$

$$v(N_2) = \frac{2.0mol/L - 1.8mol/L}{2\min} = 0.1mol/(L \cdot min)$$

$$v(H_2) = \frac{0.6mol/L}{2\min} = 0.3mol/(L \cdot min)$$

在同一化学反应中，用不同物质表示的化学反应速率的数值可能不同，但各反应物和生成物的化学反应速率之比等于化学反应方程式中各物质的化学计量数之比。

化学反应速率通常指某一反应在一定时间内的平均速率，而非即时速率。它一般不用固体或纯液体来表示。

📖学习检测

4-1   说出化学反应速率的定义、表示方法及单位。

4-2   化学反应 $aA + bB = cC + dD$，式中 A、B、C、D 分别表示反应物和生成物，a、b、c、d 表示反应系数，写出该反应的化学反应速率之比。

二、影响化学反应速率的因素

每一个存在着的化学反应都有其各自的化学反应速率。同一化学反应，在不同的条件下，反应快慢一般不同。影响化学反应速率的因素有内因和外因。内因包括反应物的组成、结构和性质，起决定性作用；外因有很多，主要有浓度、压强、温度、催化剂等。通过学习这些外界因素对化学反应速率的影响规律，可以根据需要促进一些有利的反应，抑制一些不利反应。

（一）浓度对化学反应速率的影响

反应物的浓度对化学反应速率的影响很大。例如，木炭在空气中燃烧比在氧气中燃烧要慢得多，就是因为在其他条件不变的情况下，空气中氧气的浓度远比纯氧中的浓度小得多。

【演示实验 4-1】取两支试管，分别标为 1 号和 2 号，在 1 号试管中加入 0.1mol/L $Na_2S_2O_3$ 溶液 2mL，在 2 号试管中加入 0.1mol/L $Na_2S_2O_3$ 溶液和蒸馏水各 1mL。然后同时分别向 1 号和 2 号试管中加入 0.1mol/L H_2SO_4 溶液各 1mL，认真观察实验现象，比较浑浊出现的快慢。

实验结果显示：$Na_2S_2O_3$ 溶液浓度较大的 1 号试管中，首先出现浑浊现象；$Na_2S_2O_3$ 溶液浓度较小的 2 号试管，后出现浑浊现象。稀硫酸和硫代硫酸钠的反应如下：

$$H_2SO_4 + Na_2S_2O_3 = Na_2SO_4 + SO_2\uparrow + S\downarrow + H_2O$$

实验证明：**当其他条件不变时，增大反应物的浓度，可以增大化学反应速率；减小反应物的浓度，可以减小化学反应速率。**

临床上有时可通过增加药物剂量，提高血液中药物浓度，来达到快速治疗疾病的目的。

（二）压强对化学反应速率的影响

有气态物质参与的化学反应，压强对其反应速率会产生影响。当温度一定时，一定量气体的体积与其所受的压强成反比。如果气体的压强增大到原来的 2 倍，气体的体积就缩小到原来的一半，则气体的浓度就增加为原来的 2 倍。因此，压强对化学反应速率的影响，本质上与浓度对化学反应速率的影响相同。

当其他条件不变时，增大压强，气体的体积减小，反应物的浓度增大，化学反应速率加快；减小压强，气体的体积增大，反应物的浓度减小，化学反应速率减慢。

例如，临床上将慢性缺氧的患者置于高压氧舱内，可以加快患者血液中的血红蛋白（Hb）与氧气结合生成氧合血红蛋白（HbO_2）的速率，有利于治疗疾病。

对于有固体、液体参与的化学反应，由于改变压强对其体积的影响极其微小，它们的浓度几乎不会发生改变。因此，压强不影响固体或液体物质之间的反应速率。

（三）温度对化学反应速率的影响

生活经验告诉我们，夏天的食物比冬天易坏，而食物腐败是典型的化学反应，温度对化学反应速率的影响特别显著。

例如，氢气和氧气的化合反应，在 400℃时需要 80 天，在 500℃时需要 2h，若将温度提高到 600℃时则成了瞬间就能完成的爆炸反应。

实验证明：**在其他条件不变时，升高温度，可以增大化学反应速率；降低温度，可以减小化学反应速率。**

1884 年，荷兰化学家范特霍夫（诺贝尔化学奖第一位获得者）实验测得：**当其他条件不变时，温度每升高 10℃，化学反应速率增大到原来的 2～4 倍，当温度降低时，化学反应速率以相同的比例减小。** 因此在实践中，经常通过调节温度来有效地控制化学反应速率。例如，在化学实验中，常采用加热的方法加快化学反应速率；医药上，常将易变质的疫苗保存在温度较低的冰箱中，以减慢变质反应，延长保存期。

（四）催化剂对化学反应速率的影响

凡能显著地改变化学反应速率，而本身的组成、质量及化学性质在反应前后保持不变的物质称为**催化剂**。催化剂能改变化学反应速率的作用，称为**催化作用**。

催化剂可以使缓慢的化学反应迅速进行，此类催化剂称正催化剂；催化剂也可以使剧烈的化学反应趋于缓和，此类催化剂称负催化剂或阻化剂。例如，初中化学实验室制氧气，在 $KClO_3$ 中加入 MnO_2 作催化剂加热到 240℃，$KClO_3$ 就迅速分解放出 O_2；若不用 MnO_2，则 $KClO_3$ 要加热到 370～380℃才缓慢分解。

学习检测

4-3 影响化学反应速率的因素有哪些？怎样影响？

4-4 为什么某些药物要用棕色瓶盛放，并储存在阴暗、低温处？

知识链接

酶——生物体内的催化剂

生命体内的各种酶，是生物体内生命过程中的天然活体催化剂，对生物体的消化、吸收、新陈代谢等过程都起着非常重要的催化作用。酶的种类很多，如淀粉酶、胃蛋白酶、胰蛋白酶等。酶的专一性极强，一种酶只对一种（或一类）物质起催化作用。就像一把钥匙开一把锁一样。酶的另一个特点是催化活性极高。例如，胃液中的胃蛋白酶能促进蛋白质的分解，在胃蛋白酶的催化下，当体温在 37℃时，蛋白质能很快地分解为氨基酸；在体外没有胃蛋白酶催化的情况下，要使蛋白质进行同样的分解，必须在强酸中加热到 100℃，约 24h 才能完全分解。

第 2 节 化 学 平 衡

一、可逆反应和不可逆反应

在一定条件下有些化学反应能进行到底，即反应物全部转变为生成物，而相反方向的反应则不能进行。在一定条件下只能向一个方向进行的单向反应，称为**不可逆反应**。其化学反应方程式中用单向箭号"——→"或反应号"=="表示反应的不可逆性。如氯酸钾在二氧化锰的催化下制备氧气的反应：

$$2KClO_3 \xrightarrow[\triangle]{MnO_2} 2KCl + 3O_2 \uparrow$$

实际上不可逆的反应很少，绝大多数化学反应是不能进行到底的，即同一条件下反应物能转变成生成物，生成物也能转变成反应物，两个相反方向的化学反应同时进行。例如，工业上合成氨的反应，使用氢气和氮气作原料，在高温高压下化合合成氨，而在同一条件下，氨气又分解为氢气和氮气。

在同一反应条件下，能向两个相反方向同时进行的化学反应，称为**可逆反应**。化学方程式中常用可逆号"$\rightleftharpoons$"表示化学反应的可逆性。例如，合成氨的反应式：

$$N_2 + 3H_2 \underset{逆反应}{\overset{正反应}{\rightleftharpoons}} 2NH_3$$

在可逆反应中，通常把从左向右进行的反应称为**正反应**，从右向左进行的反应称为**逆反应**。

可逆反应具有的特点是：正反应和逆反应在同一条件下同时进行，反应不能进行到底，只能进行到某一程度；反应物不可能全部转化为生成物，反应物总是有剩余；在一定条件下，正反应、逆反应会达到平衡状态。

二、化学平衡

进一步研究可逆反应合成氨的过程中发现，在一定条件下，当反应刚开始时，容器中反应物只有 N_2 和 H_2 且浓度最大，NH_3 的浓度为零，此时正反应速率（$v_正$）最大，逆反应速率（$v_逆$）为零。随着反应的进行，反应物 N_2 和 H_2 不断转化为 NH_3，反应物浓度逐渐减小，正反应速率也逐渐减小；同时，随着生成物 NH_3 的浓度逐渐增大，逆反应速率也逐渐增大，经过一段时间后，当反应进行到某一阶段时，正反应速率等于逆反应速率。只要反应条件不变，N_2、H_2 和 NH_3 的浓度都保持不变，如图 4-1 所示。

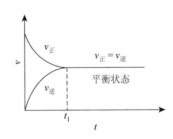

图 4-1　可逆反应与化学平衡

在一定条件下的可逆反应中，当正反应速率和逆反应速率相等时，反应物和生成物的浓度不再随时间而改变的状态称为化学平衡。

化学平衡的主要特点如下。

（1）**"等"**，达到化学平衡状态时，正反应速率和逆反应速率相等（$v_正 = v_逆 \neq 0$）。

（2）**"动"**，化学平衡是一种表面静止状态，反应没有停止，是一种动态平衡。

（3）**"定"**，化学平衡是在某种条件下，可逆反应进行的最大限度，各反应物和生成物的浓度都不再随时间而变化，保持恒定。

（4）**"变"**，化学平衡是有条件的、相对的、暂时的平衡。条件改变，化学平衡即被打破，发生移动，再在新条件下建立新的平衡。

化学平衡状态是可逆反应达到的一种特殊状态，是在给定条件下化学反应所能达到或完成的最大程度，即该反应进行的限度。化学反应的限度决定了反应物在该条件下的最大转化率。因此，研究化学反应的限度对于化学研究和化工生产都有重要意义。

三、化学平衡的移动

化学平衡不是静止不动的,它是一种动态平衡,具有相对性和暂时性。外界条件(浓度、压强、温度等)一旦发生改变,这种平衡就会被打破,可逆反应就暂时转变为不平衡状态,反应体系中反应物和生成物的浓度随之改变。经过一段时间,又可以建立新的平衡。在新的平衡状态下,各物质的浓度都已不是原来平衡时的浓度。这种**由于反应条件(浓度、压强、温度)的改变,可逆反应从一种平衡状态向另一种平衡状态转变的过程称为化学平衡的移动。**

在新的平衡状态下,如果生成物的浓度比原来平衡时浓度增大了,就称平衡向正反应方向移动(或向右移动);如果反应物的浓度比原来平衡时浓度增大了,就称平衡向逆反应方向移动(或向左移动)。

任何可逆反应在给定条件下的进程都有一定限度,只是不同反应的限度不同。化学反应的限度首先取决于反应的化学性质,其次受浓度、压强、温度等条件影响。因此,改变反应条件可以在一定程度上改变一个化学反应的限度,也就是改变该反应的化学平衡状态。

影响化学平衡移动的因素主要有浓度、压强和温度。

（一）浓度对化学平衡的影响

【演示实验 4-2】在一只烧杯中,加入 $0.1mol/L$ $FeCl_3$ 溶液和 $0.1mol/L$ KSCN 溶液各 5 滴,再加入 20mL 蒸馏水稀释,摇匀。取 4 支试管,各加入 4mL 上述混合溶液后,在第一支试管中加入 $0.1mol/L$ $FeCl_3$ 溶液 2 滴,第二支试管中加入 $0.1mol/L$ KSCN 溶液 2 滴,第三支试管中加入少许 KCl 晶体,第四支试管作为对照,观察并比较 4 支试管的颜色变化。

在上述实验中,$FeCl_3$ 和 KSCN 反应,生成血红色的 $K_3[Fe(SCN)_6]$ 和氯化钾 KCl。

$$FeCl_3 + 6KSCN \rightleftharpoons K_3[Fe(SCN)_6] + 3KCl$$
血红色

实验结果显示:在 1 号和 2 号试管中分别滴入 $FeCl_3$ 和 KSCN 溶液后,溶液的颜色加深,3 号试管加入 KCl 晶体后,溶液颜色变浅。

实验证明:**在其他条件不变时,增大反应物的浓度或减小生成物的浓度,平衡向正反应方向(即向右)移动;增大生成物的浓度或减小反应物的浓度,平衡向逆反应方向(即向左)移动。**

在生产实践中,通常使用过量的廉价原料(反应物)或者是不断移去生成物的办法,来提高价格昂贵原料的转化率,提高生成物(产品)的产量。

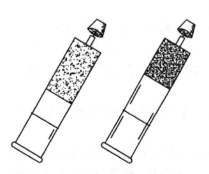

图 4-2　压强对化学平衡的影响

（二）压强对化学平衡的影响

对于有气体物质(不管是反应物还是生成物)参与的化学平衡体系,如果反应前后,式子两边的气体分子数不相等,则增大压强或减小压强,化学平衡都会发生移动,且平衡移动的方向与反应前后气体分子数有关。

【演示实验 4-3】用注射器吸入一定量的 NO_2 和 N_2O_4 混合气体,用橡皮塞将细端管口封闭,如图 4-2 所示。

NO$_2$（红棕色气体）和 N$_2$O$_4$（无色气体）在一定条件下达到化学平衡：

$$2NO_2(g) \rightleftharpoons N_2O_4(g)$$

红棕色   无色

将注射器往外拉，混合气体的颜色先变浅，又逐渐加深。颜色先变浅是针筒内体积增大、NO$_2$ 浓度减小的缘故；而颜色又逐渐加深，是压强减小、生成更多 NO$_2$ 的结果，表明化学平衡向着气体分子数增多的方向移动。反之则相反。

大量实验证明：**在其他条件不变的情况下，增大压强，化学平衡向着气体分子数减少即气体体积缩小的方向移动；减小压强，化学平衡向着气体分子数增多即气体体积增大的方向移动。**

由于压强只能改变有气体参加的反应的化学反应速率，因此压强条件只对有气体参加的化学平衡有影响。有些可逆反应，虽有气体物质参与，但是对于反应前后气体分子数不变的化学平衡，增大或减小压强，正反应和逆反应速率均改变且改变量相同，因此此种情况下压强对平衡移动没有影响。

（三）温度对化学平衡的影响

化学反应常伴着放热和吸热的现象。对于可逆反应来说，如果正反应是吸热反应，则逆反应一定是放热反应，而且放出的热量和吸收的热量相等。放出热量的反应称为放热反应，用"$+Q$"表示，吸收热量的反应称为吸热反应，用"$-Q$"表示。例如，

$$2NO_2(g) \rightleftharpoons N_2O_4(g) + Q（放热反应）$$

红棕色   无色

【演示实验 4-4】将 NO$_2$ 和 N$_2$O$_4$ 的混合气体分别盛在两个烧瓶里，且两个烧瓶用一根橡皮管连通，然后用夹子夹住橡皮管，将一个烧瓶放进热水里，另一个烧瓶放进冰水里，如图 4-3 所示。

实验表明，热水中烧瓶内气体的颜色变深，这是 NO$_2$ 气体浓度增大的结果，说明平衡向逆反应方向（吸热方向）移动。冰水中烧瓶内气体的颜色变浅，这是 NO$_2$ 浓度减小的结果，说明平衡向正反应方向（放热方向）移动。

实验表明，**在其他条件不变时，升高温度，化学平衡向吸热反应方向移动；降低温度，化学平衡向放热反应方向移动。**

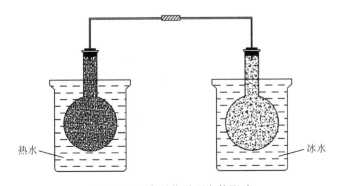

热水   冰水

图 4-3 温度对化学平衡的影响

催化剂能够显著地改变化学反应速率，但对化学平衡无影响。对于可逆反应，催化剂能同等程度地增大或减小正反应和逆反应速率，因此化学平衡不会发生移动。但使用催化剂能加快反应到达平衡，缩短反应时间。在化工生产中常使用催化剂来加快化学反应速率，缩短生产周期，提高生产效率。

学习检测

4-5　什么是可逆反应和不可逆反应？

4-6　什么是化学平衡的移动？影响化学平衡移动的主要因素有哪些？

4-7　可逆反应 $2SO_2 + O_2 \rightleftharpoons 2SO_3 + Q$，达到平衡时，为使平衡向右移动，需要采取哪些措施？

知识链接

化学平衡移动在临床上的应用

临床输氧抢救危重患者，就是利用浓度的变化引起化学平衡移动的原理。人体血液中的血红蛋白（Hb）具有输氧功能，它能和肺部的氧结合成氧合血红蛋白（HbO_2），氧合血红蛋白随着血液流经全身组织，将 O_2 释放，以供全身组织用。其反应式可表示为

$$Hb + O_2 \underset{\text{组织}}{\overset{\text{肺部}}{\rightleftharpoons}} HbO_2$$

输氧就是增加氧气的浓度，使平衡向右移动，产生更多的氧合血红蛋白，随血液流经全身组织，在全身组织中释放更多的 O_2，以供患者需要。

本章知识点总结

一、化学反应速率

知识点	知识内容
定义	化学反应速率（以符号 v 表示）是用来衡量化学反应快慢的物理量，常用单位时间内的某种反应物浓度的减少或某种生成物浓度的增加量来表示
表达式	$v = \Delta c / \Delta t$（其中 $\Delta c = c_2 - c_1$，$\Delta t = t_2 - t_1$）
单位	$mol/(L \cdot s)$、$mol/(L \cdot min)$、$mol/(L \cdot h)$ 等
影响因素	浓度、压强、温度、催化剂

二、化学平衡

知识点	知识内容
可逆反应	在同一条件下，能向两个相反方向同时进行的化学反应，称为可逆反应
不可逆反应	在一定条件下有些化学反应能进行到底，即反应物全部转变为生成物，而相反方向的反应则不能进行，这种只能向一个方向进行的反应，称为不可逆反应
化学平衡	在一定条件下的可逆反应中，当正反应速率和逆反应速率相等时，反应物和生成物的浓度不再随时间而改变的状态，称为化学平衡

续表

知识点	知识内容
化学平衡特点	"等"，达到化学平衡状态时，正反应速率和逆反应速率相等（$v_{正} = v_{逆} \neq 0$）。 "动"，化学平衡是一种表面静止状态，反应没有停止，是一种动态平衡。 "定"，化学平衡是在某种条件下，可逆反应进行的最大限度，各反应物和生成物的浓度都不再随时间变化，保持恒定。 "变"，化学平衡是有条件的、相对的、暂时的平衡。条件改变，化学平衡被打破，发生移动，再在新条件下建立新的平衡
化学平衡的移动	由于反应条件（浓度、压强、温度）的改变，可逆反应从一种平衡状态向另一种平衡状态转变的过程称为化学平衡的移动
化学平衡移动的影响因素	浓度、压强、温度

自　测　题

一、名词解释

1. 化学反应速率　2. 可逆反应　3. 化学平衡
4. 化学平衡移动

二、填空题

1. 影响化学反应速率的主要外界因素有_____、_____、_____和_____。

2. 向平衡体系 $FeCl_3 + 6KSCN \rightleftharpoons K_3[Fe(SCN)_6] + 3KCl$ 中加入 $FeCl_3$ 溶液，混合液的血红色_____，表明平衡向_____移动。向此平衡体系中加入少量 KCl 晶体，混合液的血红色_____，表明平衡向_____移动。

3. 在 $2NO + O_2 \rightleftharpoons 2NO_2 + Q$ 平衡体系中，升高温度，平衡向_____移动；增大压强，平衡向_____方向移动；减小 NO_2 的浓度，平衡向_____方向移动。

4. 在一定条件下，可逆反应 $A + B \rightleftharpoons 2C$ 已达平衡，若升高温度，平衡向右移动，则此反应的逆反应是_____反应。若 A 为气体，增大压强平衡向左移动，则 C 为_____体，B 为_____体或_____体。若 A、B、C 均为气体，增大 A 的浓度，B 的浓度将_____，C 的浓度将_____。

三、选择题

1. 表示化学反应速率用（　　）。
   A. 单位时间内反应物质量的减少或生成物质量的增加
   B. 单位时间内反应物体积的减少或生成物体积的增加
   C. 单位时间内某种反应物浓度的减少或某种生成物浓度的增加
   D. 单位时间内反应物重量的减少或生成物重量的增加

2. 可逆反应 $CO + H_2O \rightleftharpoons CO_2 + H_2 + Q$ 已达平衡状态，若使平衡向左移动，可采用的措施是（　　）。
   A. 增大 CO 的浓度　　B. 减小压强
   C. 加入催化剂　　　　D. 升高温度

3. 对于反应 $2NO_2 \rightleftharpoons N_2O_4$，达到平衡时，降低温度，混合气体的颜色变浅，说明逆反应是（　　）。
   A. N_2O_4 的浓度增大
   B. 气体体积缩小的反应
   C. 吸热反应
   D. 放热反应

4. 改变压强，平衡不移动的是（　　）。
   A. $H_2O + C(s) \rightleftharpoons CO + H_2$
   B. $CO + H_2O(g) \rightleftharpoons CO_2 + H_2$
   C. $CaCO_3(s) \rightleftharpoons CaO(s) + CO_2$
   D. $2SO_2 + O_2 \rightleftharpoons 2SO_3(g)$

5. 可逆反应 $N_2 + 3H_2 \rightleftharpoons 2NH_3$ 达到平衡时，下列说法正确的是（　　）。
   A. N_2 和 H_2 不再反应

B. N_2、H_2、NH_3浓度相等

C. 正逆反应速率等于零

D. N_2、H_2、NH_3各自浓度保持不变

6. 反应 $2H_2 + O_2 \rightleftharpoons 2H_2O(g) + Q$（放热反应）达到化学平衡，欲使化学平衡向左移动，可采取的措施是（　　）。

　A. 降低温度　　　B. 减小压强

　C. 增加氧气的浓度　D. 加入催化剂

7. X、Y、Z 都为气体，下列可逆反应在减小压强后，Z 的含量增大的是（　　）。

　A. $X + Y \rightleftharpoons 3Z + Q$

　B. $X + 2Y \rightleftharpoons 2Z + Q$

　C. $X + Y \rightleftharpoons 2Z + Q$

　D. $2X + Y \rightleftharpoons 2Z - Q$

四、计算题

某一化学反应中，反应物 B 的浓度在 5s 以内从 1.0mol/L 变为 0.5mol/L，在这 5s 内反应物 B 的化学反应速率是多少？

（冯文静）

第 **5** 章

电解质溶液

📖 **学习重点**

1. 强电解质、弱电解质的概念。
2. 弱电解质的电离平衡及电离度。
3. 溶液的酸碱性与氢离子浓度及 pH 的关系。
4. 盐类水解的概念及盐溶液的酸碱性。
5. 缓冲溶液的组成和缓冲作用原理。

电解质广泛分布在细胞内外，参与体内许多重要的功能和代谢活动，对维持正常生命活动起着非常重要的作用。本章将学习电解质溶液的有关知识。

第 1 节 弱电解质的电离平衡

电解质与生命活动密切相关，常以离子形式存在于人的体液和组织液中，这些离子是维持体内渗透平衡和酸碱平衡不可缺少的成分，电解质离子含量与人体许多生理和病理现象有着密切的关系。因此，掌握各类电解质在溶液中的变化规律，是学习医学知识的基础。

一、电解质与非电解质

【演示实验 5-1】在图 5-1 中的 5 个烧杯中分别盛有等体积的 0.1mol/L 盐酸、氢氧化钠、氯化钠、葡萄糖和乙酸溶液，插入电极，接通电源，注意观察灯泡的明亮程度。

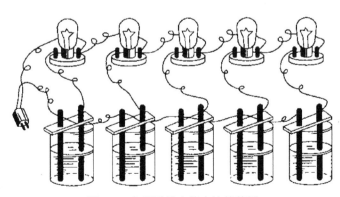

图 5-1　电解质导电能力比较装置

实验结果显示：盐酸、氢氧化钠溶液、氯化钠溶液所连的灯泡很亮，乙酸溶液所连的灯泡较暗，葡萄糖溶液所连的灯泡不亮。说明盐酸、氢氧化钠溶液、氯化钠溶液导电能力强，乙酸溶液导电能力弱，葡萄糖溶液不导电。

在水溶液中或熔融状态下能导电的化合物称为电解质，酸、碱、盐都是电解质。电解质溶于水形成的溶液称为电解质溶液，如氯化钠溶液、氢氧化钠溶液等。**在水溶液中或熔融状态下不能导电的化合物称为非电解质**，葡萄糖、蔗糖、乙醇、甘油等都是非电解质。

二、强电解质与弱电解质

电解质溶液能够导电，是因为电解质在溶液里发生了电离，产生了自由移动带电荷的离子。溶液导电性强弱的不同，说明溶液中所含离子数目的不同。单位体积内离子数目越多，导电能力越强；离子数目越少，导电能力越弱。而溶液中离子数目的多少是由电解质的电离程度决定的。根据电解质电离程度的强弱，可将电解质分为强电解质和弱电解质。

（一）强电解质

在水溶液中能全部电离成阴、阳离子的电解质称为强电解质。常见的强酸（HCl、H_2SO_4、HNO_3 等）、强碱（$NaOH$、KOH 等）和绝大多数盐（KCl、$NaCl$、Na_2CO_3 等）都是强电解质。

强电解质电离过程是不可逆的，其电离方程式用"$=\!=$"或"$\longrightarrow$"表示。例如，

$$HCl =\!= H^+ + Cl^-$$

$$NaOH =\!= Na^+ + OH^-$$

$$NaCl =\!= Na^+ + Cl^-$$

（二）弱电解质

在水溶液中只能部分电离成阴、阳离子的电解质称为弱电解质。常见的弱酸（如 CH_3COOH、H_2S 等）、弱碱（如 $NH_3 \cdot H_2O$ 等）和少数盐（如 $HgCl_2$ 等）都是弱电解质。在弱电解质溶液里，弱电解质分子电离成离子的同时，离子又重新结合成分子，其电离过程是可逆的、双向性的，在一定条件下可达到动态平衡。在电离方程式中用可逆符号"$\rightleftharpoons$"表示。例如，

$$NH_3 \cdot H_2O \rightleftharpoons NH_4^+ + OH^-$$

$$CH_3COOH \rightleftharpoons H^+ + CH_3COO^-$$

如果弱电解质是多元弱酸，则它们的电离是分步进行的，如碳酸的电离分两步：

$$H_2CO_3 \rightleftharpoons H^+ + HCO_3^-$$

$$HCO_3^- \rightleftharpoons H^+ + CO_3^{2-}$$

多元弱酸的电离以第一步电离程度最大，第二步电离程度减小，依次递减。

📖💻学习检测

5-1　什么是电解质？什么是非电解质？举例说明。

5-2　下列物质属于电解质的是（　　　）。

A. 水银　　　　　　B. 葡萄糖　　　　　　C. 氢氧化钠　　　　　　D. 乙醇

5-3　下列物质属于弱电解质的是（　　　）。

A. 碳酸　　　　　　B. 碳酸钠　　　　　　C. 氢氧化钠　　　　　　D. 氯化钠

5-4　强电解质与弱电解质在电离时各有什么特点？

三、弱电解质的电离平衡

（一）电离平衡

弱电解质在水溶液中只能部分电离，且电离是可逆的。以氨水为例：

$$NH_3 \cdot H_2O \rightleftharpoons NH_4^+ + OH^-$$

氨水是弱电解质，只有极少部分电离，正过程是氨水电离成铵根离子和氢氧根离子，逆过程是铵根离子和氢氧根离子结合成氨水分子。在一定温度下，会出现正过程速率与逆过程速率相等，此时溶液里的氨水分子、铵根离子和氢氧根离子的浓度不再随时间的延长而变化，从而弱电解质溶液达到了平衡状态。

在一定条件下，弱电解质分子电离成离子的速率与离子重新结合成弱电解质分子的速率相等的状态称为电离平衡状态。 达到电离平衡时，弱电解质的分子浓度和各离子浓度不再改变。电离平衡是化学平衡的一种类型，符合化学平衡的特点和移动规律。

（二）电离度

不同的弱电解质在水溶液里的电离程度是不同的。有的电离程度大，有的电离程度小，弱电解质电离程度可用电离度来表示。**电离度是指在一定温度下，当弱电解质在溶液中达到电离平衡时，已电离的弱电解质分子数占电离前该弱电解质分子总数的百分数。** 通常用符号 α 表示。

$$\alpha = \frac{已电离的电解质分子数}{电解质分子总数} \times 100\%$$

电离度反映了弱电解质的相对强弱。电解质越弱，其电离度越小。影响弱电解质电离度的因素除与弱电解质的本性有关外，还与溶液的浓度及温度有关。对于水溶液，通常说某电解质的电离度都是指一定温度和一定浓度时的电离度。常见弱电解质的电离度见表 5-1。

表 5-1　常见弱电解质的电离度（25℃，0.1mol/L）

电解质	化学式	电离度/%	电解质	化学式	电离度/%
乙酸	CH_3COOH	1.32	氢氰酸	HCN	0.01
碳酸	H_2CO_3	0.17	氢氟酸	HF	8.5
磷酸	H_3PO_4	27	硼酸	H_3BO_3	0.01
氨水	$NH_3 \cdot H_2O$	1.33	氢硫酸	H_2S	0.07

（三）同离子效应

弱电解质的电离平衡与其他化学平衡一样，也是动态平衡，当外界条件不变时，电离平衡保持不变；当外界条件发生变化时，电离平衡就会发生移动。

【演示实验 5-2】在小烧杯中加入适量稀氨水，滴加 1 滴酚酞，摇匀后分别倒入两支试管中，向其中一支试管里加入少量氯化铵（NH_4Cl）固体，观察两支试管的颜色是否发生变化。

实验结果显示：在氨水中滴入酚酞，溶液因呈碱性而显红色。在氨水溶液中加入固体氯化铵后，溶液红色变浅，说明氨水溶液的碱性减弱，即 OH^- 浓度减小。这是由于加入强电解质氯化铵后，溶液中的 NH_4^+ 浓度增加，破坏了氨水的电离平衡，使氨水的电离平衡向左移动，从而降低了氨水的电离度，溶液中的 OH⁻浓度减小，碱性减弱，颜色变浅。

$$NH_3 \cdot H_2O \Longrightarrow NH_4^+ + OH^-$$

$$NH_4Cl = NH_4^+ + Cl^-$$

在弱电解质溶液里，加入和弱电解质具有相同离子的强电解质，使弱电解质的电离度减小的效应称为同离子效应。

同离子效应在药物分析中可用来控制溶液中某种离子的浓度，还可用于指导缓冲溶液的配制。

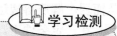

学习检测

5-5　下列电解质的电离方程式正确的是（　　　）。

A. $NaOH \Longrightarrow Na^+ + OH^-$　　　　　B. $NH_3 \cdot H_2O \Longrightarrow NH_4^+ + OH^-$

C. $NaCl \Longrightarrow Na^+ + Cl^-$　　　　　　D. $CH_3COOH = H^+ + CH_3COO^-$

5-6　观察表 5-1 常见弱电解质的电离度，写出乙酸、碳酸、磷酸、氢氰酸、氢氟酸、氢硫酸几种弱酸酸性由大到小的排序。

5-7　在乙酸溶液中加入强电解质 CH_3COONa 溶液，会产生同离子效应吗？

知识链接

电离平衡常数

弱电解质存在电离平衡。弱电解质的电离平衡符合化学平衡的原理。弱电解质电离程度的大小除了用电离度表示外，还可用电离平衡常数表示。

弱酸的电离平衡常数用 K_a 表示，弱碱的电离平衡常数用 K_b 表示。例如，乙酸的电离平衡是 $CH_3COOH \Longrightarrow H^+ + CH_3COO^-$，其电离平衡常数可表示为 $K_a = \dfrac{[H^+][CH_3COO^-]}{[CH_3COOH]}$。氨水的电离平衡是 $NH_3 \cdot H_2O \Longrightarrow NH_4^+ + OH^-$，其电离平衡常数可表示为 $K_b = \dfrac{[NH_4^+][OH^-]}{[NH_3 \cdot H_2O]}$。

弱电解质的电离平衡常数大小只与温度有关，而与弱电解质的浓度无关。常见弱电解质的电离平衡常数见表 5-2（近似浓度 0.01～0.03mol/L，温度 25℃）。

表 5-2　常见弱电解质的电离平衡常数

名称	化学式	电离平衡常数
乙酸	CH_3COOH	1.76×10^{-5}
碳酸	H_2CO_3	4.30×10^{-7}（一级电离）
		5.61×10^{-11}（二级电离）
草酸	$H_2C_2O_4$	5.90×10^{-2}（一级电离）

续表

名称	化学式	电离平衡常数
		6.40×10^{-5}（二级电离）
亚硝酸	HNO_2	4.6×10^{-4}
氢氰酸	HCN	4.93×10^{-10}
次氯酸	$HClO$	2.95×10^{-5}

第 2 节　水的电离和溶液的酸碱性

水广泛分布在人体内，参与体内的许多重要代谢活动，对维持正常生命活动起着非常重要的作用。水不仅能够影响体液的渗透压，还能影响体液的酸碱性。溶液的酸碱性与水的电离密切相关，讨论溶液的酸碱性首先要了解水的电离情况。

一、水　的　电　离

人们通常认为纯水不导电。但用精密的仪器测定，发现水有微弱的导电能力。这说明水是一种极弱的电解质，能电离出极少量的 H^+ 和 OH^-，电离方程式为

$$H_2O \Longrightarrow H^+ + OH^-$$

实验测得，在 25℃平衡状态时，1L 纯水中只有 1.0×10^{-7}mol 水分子电离，H^+ 的平衡浓度是 1.0×10^{-7}mol/L，OH^- 的平衡浓度也是 1.0×10^{-7}mol/L。

将 $c(H^+)$ 和 $c(OH^-)$ 相乘得到一个常数，称为水的离子积常数，简称水的离子积，用 K_w 表示。

$$K_w = c(H^+) \cdot c(OH^-)$$

水的电离是吸热过程，所以水的离子积是随温度变化的常数。25℃时，$K_w = 1.0 \times 10^{-14}$。水的离子积 K_w 适用于纯水和稀溶液。在纯水或其他稀酸性、碱性和中性水溶液中，H^+ 浓度与 OH^- 浓度的乘积都为常数，等于水的离子积。

二、溶液的酸碱性与溶液的 pH

常温时，纯水中 $c(H^+)$ 和 $c(OH^-)$ 相等，都是 1.0×10^{-7}mol/L，所以纯水既不显酸性也不显碱性，显示中性。

如果向纯水中加入酸，由于 $c(H^+)$ 增大，水的电离平衡向左移动，$c(OH^-)$ 减小，$c(H^+) > c(OH^-)$，溶液呈酸性；如果向纯水中加入碱，由于 $c(OH^-)$ 增大，水的电离平衡向左移动，$c(H^+)$ 减小，$c(H^+) < c(OH^-)$，溶液呈碱性。

由于任何水溶液中都存在着水的电离平衡，所以溶液的酸碱性取决于溶液中 $c(H^+)$ 和 $c(OH^-)$ 浓度的相对大小。溶液的酸碱性与 $c(H^+)$ 和 $c(OH^-)$ 的关系可表示为：$c(H^+) > c(OH^-)$，溶液显酸性；$c(H^+) < c(OH^-)$，溶液显碱性；$c(H^+) = c(OH^-)$，溶液显中性。

实际应用中，多采用 $c(H^+)$ 表示溶液的酸碱性。$c(H^+)$ 增大，溶液的酸性增强，碱性减弱；$c(H^+)$ 减小，溶液的酸性减弱，碱性增强。

在稀溶液中，由于 $c(H^+)$ 很小，用物质的量浓度表示很不方便，通常采用 pH 来表示溶液的酸碱性。**溶液中氢离子浓度的负对数称为 pH**，其数学表达式为

$$pH = -\lg c(H^+)$$

例如，$c(H^+) = 1.0 \times 10^{-4} mol/L$，$pH = -\lg (1.0 \times 10^{-4}) = 4$

$c(H^+) = 1.0 \times 10^{-7} mol/L$，$pH = -\lg (1.0 \times 10^{-7}) = 7$

$c(OH^-) = 1.0 \times 10^{-4} mol/L$，$c(H^+) = K_w/c(OH^-) = 1.0 \times 10^{-14}/1.0 \times 10^{-4}$

$$= 1.0 \times 10^{-10} mol/L$$

$$pH = -\lg (1.0 \times 10^{-10}) = 10$$

溶液的酸碱性、$c(H^+)$ 与 pH 的关系可归纳为：**酸性溶液：$c(H^+) > 1.0 \times 10^{-7} mol/L$，pH < 7；中性溶液：$c(H^+) = 1.0 \times 10^{-7} mol/L$，pH = 7；碱性溶液：$c(H^+) < 1.0 \times 10^{-7} mol/L$，pH > 7。**

溶液的 pH 越小，酸性越强，碱性越弱；溶液的 pH 越大，酸性越弱，碱性越强。

pH 常用范围在 1~14。从表 5-3 可以看出，溶液的 pH 增大一个单位，$c(H^+)$ 变为原来的 1/10；pH 减小 1 个单位，$c(H^+)$ 变为原来的 10 倍。

表 5-3　溶液 $c(H^+)$ 与 pH 的对应关系

$c(H^+)/(mol/L)$	10^0	10^{-1}	10^{-2}	10^{-3}	10^{-4}	10^{-5}	10^{-6}	10^{-7}	10^{-8}	10^{-9}	10^{-10}	10^{-11}	10^{-12}	10^{-13}	10^{-14}
pH	0	1	2	3	4	5	6	7	8	9	10	11	12	13	14

pH 和 $c(H^+)$ 都可以用来表示溶液的酸碱性，当溶液的 $c(H^+)$ 小于 1mol/L，用 pH 表示溶液的酸碱性；当溶液的 $c(H^+)$ 大于 1mol/L，直接用 $c(H^+)$ 来表示溶液的酸碱性。

利用酸碱指示剂或广泛 pH 试纸，可以方便快捷地测出溶液的近似 pH。如果要精确测定溶液的 pH，可以利用酸度计。

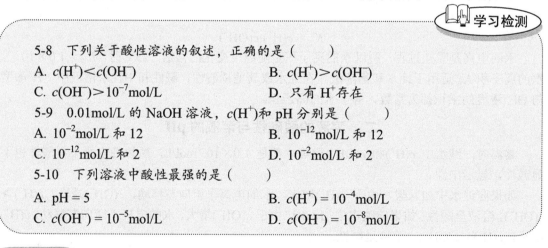

学习检测

5-8　下列关于酸性溶液的叙述，正确的是（　　）

A. $c(H^+) < c(OH^-)$ 　　　　　　　　　　B. $c(H^+) > c(OH^-)$

C. $c(OH^-) > 10^{-7} mol/L$ 　　　　　　　　D. 只有 H^+ 存在

5-9　0.01mol/L 的 NaOH 溶液，$c(H^+)$ 和 pH 分别是（　　）

A. $10^{-2} mol/L$ 和 12 　　　　　　　　　B. $10^{-12} mol/L$ 和 12

C. $10^{-12} mol/L$ 和 2 　　　　　　　　　D. $10^{-2} mol/L$ 和 2

5-10　下列溶液中酸性最强的是（　　）

A. pH = 5 　　　　　　　　　　　　　　　B. $c(H^+) = 10^{-4} mol/L$

C. $c(OH^-) = 10^{-5} mol/L$ 　　　　　　　D. $c(OH^-) = 10^{-8} mol/L$

知识链接

人体体液的 pH

pH 在医学中有重要的意义。正常人体血液的 pH 总是维持在 7.35~7.45。如果人体血液的 pH < 7.35，临床上称为酸中毒，pH > 7.45，称为碱中毒。人体血液 pH 偏离正常范围 0.4 个单位以上就有生命危险。

人体各种体液的 pH 见表 5-4。常用的酸碱指示剂及变色范围见表 5-5。

表 5-4　人体各种体液的 pH

体液	pH	体液	pH
小肠液	7.6	大肠液	8.3～8.4
成人胃液	0.9～1.5	婴儿胃液	0.9～1.5
乳汁	6.6～6.9	唾液	6.35～6.85
脑脊液	4.8～7.5	泪液	7.4
尿液	7.35～7.45	胰液	7.5～8.0

表 5-5　常用的酸碱指示剂及变色范围

名称	变色范围（pH）	颜色变化
酚酞	8.0～10.0	无色～红色
石蕊	5.0～8.0	红色～蓝色
甲基橙	3.1～4.4	红色～黄色
甲基红	4.4～6.2	红色～黄色

第 3 节　盐类的水解

【演示实验 5-3】在点滴板中，用 pH 试纸分别测定 0.1mol/L NaCl、CH₃COONa 及 NH₄Cl 溶液的 pH。

实验结果显示：NaCl 溶液的 pH = 7，CH₃COONa 溶液的 pH＞7，NH₄Cl 溶液的 pH＜7，这说明盐的水溶液不都是呈中性的。

一、盐类水解的概念

绝大多数盐是强电解质，在水溶液中能完全电离，有些盐中的阳离子或阴离子与水中的 OH^- 或 H^+ 结合生成弱电解质，破坏了水的电离平衡，改变了水溶液中的 $c(H^+)$ 和 $c(OH^-)$，所以溶液会显示酸性或碱性。

在盐的水溶液中，盐电离出的离子与水电离出的 H^+ 或 OH^- 结合生成弱电解质的反应称为盐类的水解。

二、不同类型盐的水解

盐的组成不同，发生水解反应的情况不同，盐的水溶液的酸碱性也不同。根据形成盐的酸和碱的强弱不同，盐可分为 4 类，如表 5-6 所示。

表 5-6　盐的分类

盐的类型	实例
强酸弱碱盐	NH_4Cl、NH_4NO_3
强碱弱酸盐	CH_3COONa、Na_2CO_3

续表

盐的类型	实例
强酸强碱盐	NaCl、Na$_2$SO$_4$
弱酸弱碱盐	CH$_3$COONH$_4$

（一）强酸弱碱盐的水解

例如，氯化铵的水解反应：

$$NH_4Cl \Longrightarrow Cl^- + NH_4^+$$

$$+$$

$$H_2O \rightleftharpoons H^+ + OH^-$$

$$\Big\updownarrow$$

$$NH_3 \cdot H_2O$$

氯化铵是强电解质在水中完全电离成 NH_4^+ 和 Cl^-，水是极弱电解质，电离出极少量的 H^+ 和 OH^-，OH^- 和 NH_4^+ 结合成弱电解质 $NH_3 \cdot H_2O$，使水的电离平衡向右移动，而 Cl^- 和 H^+ 在溶液中不能结合成强电解质 HCl，因此溶液中有较多的 H^+，$c(H^+) > c(OH^-)$，使 NH_4Cl 溶液显酸性。

NH_4Cl 水解的化学方程式是

$$NH_4Cl + H_2O \rightleftharpoons NH_3 \cdot H_2O + HCl$$

NH_4Cl 水解的离子方程式是

$$NH_4^+ + H_2O \rightleftharpoons NH_3 \cdot H_2O + H^+$$

强酸弱碱盐能水解，其水溶液显酸性。水解作用的实质是弱碱阳离子与水中氢氧根离子结合，生成弱碱。

（二）强碱弱酸盐的水解

例如，乙酸钠的水解反应：

$$CH_3COONa \Longrightarrow Na^+ + CH_3COO^-$$

$$+$$

$$H_2O \rightleftharpoons OH^- + H^+$$

$$\Big\updownarrow$$

$$CH_3COOH$$

乙酸钠是强电解质在水中完全电离成 Na^+ 和 CH_3COO^-，水是极弱电解质，电离出极少量的 H^+ 和 OH^-，H^+ 和 CH_3COO^- 结合成弱电解质 CH_3COOH，使水的电离平衡向右移动，而 Na^+ 和 OH^- 在溶液中不能结合成强电解质 NaOH，因此溶液中有较多的 OH^-，$c(H^+) < c(OH^-)$，使 CH_3COONa 溶液显碱性。

CH_3COONa 水解的化学方程式是

$$CH_3COONa + H_2O \rightleftharpoons CH_3COOH + NaOH$$

CH$_3$COONa 水解的离子方程式是

$$CH_3COO^- + H_2O \rightleftharpoons CH_3COOH + OH^-$$

强碱弱酸盐能水解，其水溶液显碱性。水解作用的实质是弱酸根阴离子与水中氢离子结合，生成弱酸。

（三）弱酸弱碱盐的水解

例如，乙酸铵的水解反应：

$$CH_3COONH_4 \rightleftharpoons CH_3COO^- + NH_4^+$$

（此处为反应关系图，CH$_3$COO$^-$ 与 H$^+$ 结合成 CH$_3$COOH，NH$_4^+$ 与 OH$^-$ 结合成 NH$_3\cdot$H$_2$O）

$$H_2O \rightleftharpoons H^+ + OH^-$$

$$CH_3COOH \quad NH_3\cdot H_2O$$

乙酸铵是强电解质在水中完全电离成 NH$_4^+$ 和 CH$_3$COO$^-$，水是极弱电解质，电离出极少量的 H$^+$ 和 OH$^-$，弱碱阳离子 NH$_4^+$ 与 OH$^-$ 结合成弱电解质 NH$_3\cdot$H$_2$O，弱酸阴离子 CH$_3$COO$^-$ 与 H$^+$ 结合成弱电解质 CH$_3$COOH，使水的电离平衡更加向右移动。弱酸弱碱盐是双水解，比前两种盐的水解程度大。

CH$_3$COONH$_4$ 水解的反应方程式是

$$CH_3COONH_4 + H_2O \rightleftharpoons CH_3COOH + NH_3\cdot H_2O$$

CH$_3$COONH$_4$ 水解的离子方程式是

$$NH_4^+ + CH_3COO^- + H_2O \rightleftharpoons NH_3\cdot H_2O + CH_3COOH$$

弱酸弱碱盐水解程度较大，水解后的酸碱性取决于生成盐的弱酸和弱碱的相对强弱。由于乙酸的酸性与氨水的碱性大致相等，所以乙酸铵溶液显中性。硫化铵的水溶液由于氨水的碱性比氢硫酸的酸性强，所以显弱碱性。

（四）强酸强碱盐不水解

例如，氯化钠水溶液中，NaCl 电离出的 Na$^+$ 和 Cl$^-$，都不能和水中微量的 H$^+$ 和 OH$^-$ 结合成弱电解质分子，水的电离平衡不发生移动，溶液中 H$^+$ 和 OH$^-$ 的浓度和纯水相同，$c(H^+) = c(OH^-)$，溶液显中性。

强酸强碱盐不发生水解反应，其水溶液显中性。

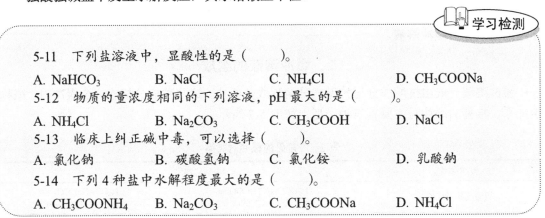

📖 学习检测

5-11　下列盐溶液中，显酸性的是（　　　）。

A. NaHCO$_3$　　　　　B. NaCl　　　　　C. NH$_4$Cl　　　　　D. CH$_3$COONa

5-12　物质的量浓度相同的下列溶液，pH 最大的是（　　　）。

A. NH$_4$Cl　　　　　B. Na$_2$CO$_3$　　　　　C. CH$_3$COOH　　　　　D. NaCl

5-13　临床上纠正碱中毒，可以选择（　　　）。

A. 氯化钠　　　　　B. 碳酸氢钠　　　　　C. 氯化铵　　　　　D. 乳酸钠

5-14　下列 4 种盐中水解程度最大的是（　　　）。

A. CH$_3$COONH$_4$　　　　　B. Na$_2$CO$_3$　　　　　C. CH$_3$COONa　　　　　D. NH$_4$Cl

盐类水解的应用

盐的水解在日常生活中和医药卫生方面都具有重要意义。

明矾[$K_2SO_4 \cdot Al_2(SO_4)_3 \cdot 24H_2O$]属于复盐，在水中能电离出铝离子，铝离子能水解生成氢氧化铝胶体，氢氧化铝胶体能吸附水中悬浮物达到净化水的目的。Na_2CO_3俗名纯碱或苏打，属于强碱弱酸盐，在水中显碱性，热的纯碱溶液可以去除物品表面的油污。$NaHCO_3$和乳酸钠（$C_3H_5O_3Na$）也属于强碱弱酸盐，在水中显碱性，临床上常用碳酸氢钠或乳酸钠（$C_3H_5O_3Na$）治疗胃酸过多或酸中毒。氯化铵属于强酸弱碱盐，在水中显酸性，临床上常用氯化铵治疗碱中毒。因为铝盐水解产生的胶状氢氧化铝可在溃疡表面形成保护层，临床上常用铝盐治疗胃溃疡。

泡沫灭火器是常用的灭火器，其原理也是盐的水解。内筒为塑料筒，内盛硫酸铝溶液，外筒和内筒之间装有碳酸氢钠溶液。使用时将灭火器倒置，硫酸铝溶液和碳酸氢钠混合，产生的大量二氧化碳和氢氧化铝等一起以泡沫的形式喷出，达到灭火的效果。

第4节　缓　冲　溶　液

许多化学反应，尤其是生物体内的化学反应，需要在适宜而较稳定的 pH 条件下进行反应。具有一定的 pH，并且能保持其 pH 基本不变的溶液，就是缓冲溶液。

一、缓冲作用和缓冲溶液

【演示实验5-4】

（1）取一支大试管，加入 2mL 0.1mol/L 乙酸溶液和 2mL 0.1mol/L 乙酸钠溶液，混合均匀后，用 pH 试纸测定溶液的 pH。

（2）把上述溶液分成两份，在其中的一份中加入 2 滴 0.1mol/L 盐酸溶液，在另一份中加入 2 滴 0.1mol/L 氢氧化钠溶液，混合均匀，分别用 pH 试纸测定两份溶液的 pH。

实验结果显示：乙酸和乙酸钠的混合溶液中加入少量酸或碱后，混合溶液的 pH 几乎没有变化。说明乙酸和乙酸钠的混合溶液具有抵抗外来少量酸和碱的能力。

这种**能抵抗外来少量酸或碱而保持溶液 pH 几乎不变的作用，称为缓冲作用。具有缓冲作用的溶液称为缓冲溶液。**

二、缓冲溶液的组成

缓冲溶液一般由抗酸成分与抗碱成分两种成分组成，这两种成分构成一个缓冲对，或称缓冲系。常见的缓冲对主要有三种类型，如表 5-7 所示。

表 5-7　常见的缓冲对类型

缓冲对类型	实例	
弱酸及其对应的盐	CH_3COOH-CH_3COONa （抗碱成分）（抗酸成分）	H_2CO_3-$NaHCO_3$ （抗碱成分）（抗酸成分）

续表

缓冲对类型	实例	
弱碱及其对应的盐	NH₃·H₂O-NH₄Cl （抗酸成分）（抗碱成分）	
多元弱酸的酸式盐及其对应的次级盐	NaHCO₃-Na₂CO₃ （抗碱成分）（抗酸成分）	NaH₂PO₄-Na₂HPO₄ （抗碱成分）（抗酸成分）

三、缓冲作用原理

缓冲溶液具有缓冲作用，是因为溶液中的抗酸成分和抗碱成分，能分别抵抗外来的少量碱或酸，从而保持溶液的 pH 基本不变。以缓冲溶液 CH_3COOH-CH_3COONa 为例，讨论缓冲作用原理。

在 CH_3COOH-CH_3COONa 缓冲溶液中，存在下列电离平衡：

$$\boxed{CH_3COOH \Longrightarrow H^+ + CH_3COO^-}$$

$$CH_3COONa \Longrightarrow Na^+ + \boxed{CH_3COO^-}$$

当向此溶液中加入少量酸时，CH_3COO^- 与外来的 H^+ 结合生成 CH_3COOH，使 CH_3COOH 的电离平衡向左移动，到达新平衡时，溶液中 CH_3COOH 浓度略有增大，CH_3COO^- 浓度略有减小，而 H^+ 浓度几乎不变，所以溶液的 pH 几乎不变。抗酸离子方程式为

$$CH_3COO^- + H^+（外来）\Longrightarrow CH_3COOH$$

当向此溶液中加入少量碱时，CH_3COOH 电离出的 H^+ 中和外来的 OH^- 结合生成水，使 CH_3COOH 的电离平衡向右移动，到达新平衡时，溶液中 CH_3COOH 浓度略有减小，CH_3COO^- 浓度略有增大，而 H^+ 浓度几乎不变，所以溶液的 pH 几乎不变。抗碱离子方程式为

$$CH_3COOH + OH^-（外来）\Longrightarrow CH_3COO^- + H_2O$$

因为溶液中 CH_3COO^- 起到了抵抗外来少量酸的作用，CH_3COO^- 主要来自于强电解质 CH_3COONa 的电离，所以 CH_3COONa 为抗酸成分；溶液中 CH_3COOH 电离出的 H^+ 起到了抵抗外来少量碱的作用，所以 CH_3COOH 为抗碱成分。

缓冲溶液的缓冲作用是有限的，外来酸或碱过多时，缓冲溶液中的抗酸成分或抗碱成分被耗尽，缓冲溶液就失去了缓冲作用，溶液的 pH 将会发生明显改变。

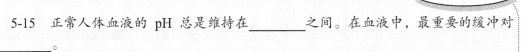学习检测

5-15　正常人体血液的 pH 总是维持在_____之间。在血液中，最重要的缓冲对是_____。

5-16　下列化合物中，可构成缓冲对的一组是（　　）。

A. CH_3COOH/NH_4Cl　　　　　　　　B. H_2CO_3/Na_2CO_3

C. CH_3COOH/CH_3COONa　　　　　　D. $HCl/NaCl$

5-17　下列说法中，正确的是（　　）。

A. 缓冲溶液能够抵抗外来少量的酸或碱而保持溶液 pH 绝对不变

B. 缓冲溶液能够抵抗外来少量的酸或碱而保持溶液 pH 基本不变

C. 缓冲溶液能够抵抗外来大量的酸或碱而保持溶液 pH 基本不变

D. 强酸及强酸对应的盐可构成缓冲对

知识链接

人体血液中的缓冲对

当人体中由于食物消化、吸收或组织中新陈代谢产生大量的酸性或碱性物质时，血液中存在的多种缓冲对就会发挥作用，维持血液的 pH 在 7.35～7.45。

血液中浓度最高，缓冲作用最强的缓冲对是 $H_2CO_3/BHCO_3$。其他的缓冲对有 BH_2PO_4/B_2HPO_4、H-Pr/B-Pr、H-Hb/B-Hb、$H-HbO_2/B-HbO_2$ 等，盐中的阳离子 B 为 Na^+ 或 K^+。

在最重要的缓冲对 $H_2CO_3/BHCO_3$ 中，H_2CO_3 发挥抗碱作用，与多余的 OH^- 结合成 HCO_3^- 和 H_2O；HCO_3^- 发挥抗酸作用，与多余的 H^+ 结合成 H_2CO_3。血液中的 H_2CO_3 浓度取决于体内的 CO_2 浓度，肺的呼吸可保持体内正常的 CO_2 水平，HCO_3^- 浓度则由肾来调节。呼吸衰弱可造成 CO_2 严重潴留，引起呼吸性酸中毒；肾功能不全、严重腹泻可造成 $NaHCO_3$ 大量流失，引起代谢性酸中毒。反之，肺部过度换气，呼出 CO_2 过多，就会引起呼吸性碱中毒；代谢性碱中毒一般是呕吐、洗胃导致胃液大量丢失造成的。

本章知识点总结

一、弱电解质的电离平衡

知识点	知识内容
电解质	在水溶液中或熔融状态下能导电的化合物称为电解质。酸、碱、盐都是电解质
强电解质	在水溶液中能全部电离成阴、阳离子的电解质称为强电解质。特点是：完全电离，不可逆，电离后没有电解质分子。常见的强酸、强碱和绝大多数盐是强电解质
弱电解质	在水溶液里只能部分电离成阴、阳离子的电解质称为弱电解质。特点是：部分电离，可逆，电离后存在大量电解质分子。常见的弱酸、弱碱是弱电解质
电离平衡	在一定条件下，当弱电解质分子电离成离子的速率与离子重新结合成弱电解质分子的速率相等的状态称为电离平衡
电离度	电离度是指在一定温度下，当弱电解质在溶液中达到电离平衡时，已电离的弱电解质分子数占电离前该弱电解质分子总数的百分数
同离子效应	在弱电解质溶液中，加入和弱电解质具有相同离子的强电解质，使弱电解质电离度减小的现象称为同离子效应

二、溶液的酸碱性与 pH

知识点	知识内容
水的离子积	$K_w = c(H^+)c(OH^-) = 1.0 \times 10^{-14}$
pH	$pH = -\lg c(H^+)$
溶液的酸碱性	酸性溶液：$c(H^+) > 1.0 \times 10^{-7} mol/L$，pH<7； 中性溶液：$c(H^+) = 1.0 \times 10^{-7} mol/L$，pH= 7； 碱性溶液：$c(H^+) < 1.0 \times 10^{-7} mol/L$，pH>7

三、盐类的水解

知识点	知识内容
强酸弱碱盐	能水解，溶液显酸性，pH<7，如 NH_4Cl、$FeCl_3$
强碱弱酸盐	能水解，溶液显碱性，pH>7，如 $NaHCO_3$、CH_3COONa
强酸强碱盐	不水解，溶液显中性，pH = 7，如 $NaCl$、KNO_3
弱酸弱碱盐	水解程度大，水解后的酸碱性取决于生成盐的弱酸和弱碱的相对强弱

四、缓 冲 溶 液

知识点	知识内容
缓冲溶液	能抵抗外来少量酸或碱而保持溶液 pH 几乎不变的作用，称为缓冲作用。具有缓冲作用的溶液称为缓冲溶液
缓冲作用原理	缓冲溶液具有缓冲作用，是因为溶液中的抗酸成分和抗碱成分，能分别抵抗外来的少量碱或酸，从而保持溶液的 pH 基本不变
缓冲对	弱酸及其对应的盐，如 CH_3COOH-CH_3COONa、H_2CO_3-$NaHCO_3$； 弱碱及其对应的盐，如 $NH_3 \cdot H_2O$-NH_4Cl； 多元酸的酸式盐及其对应的次级盐，如 $NaHCO_3$-Na_2CO_3、NaH_2PO_4-Na_2HPO_4

自 测 题

一、名词解释

1. 电解质　2. 非电解质　3. 强电解质
4. 弱电解质电离平衡　5. 电离度
6. 同离子效应　7. 盐类的水解　8. 缓冲溶液

二、填空题

1. 在水溶液中_____阴、阳离子的电解质称为强电解质，强电解质的电离过程是_____的。_____、_____和_____都是强电解质。

2. 在水溶液里_____阴、阳离子的电解质称为弱电解质，弱电解质的电离过程是_____的。_____和_____都是弱电解质。

3. pH 是指_____，数学表达式为_____。

4. $c(H^+) = 1.0 \times 10^{-5}$mol/L 的溶液 pH =_____，溶液呈_____性；若将 pH 调至 10，则 $c(H^+)$ 为_____mol/L，溶液呈_____性。

5. 在 CH_3COOH 和 CH_3COONa 缓冲溶液中，抗酸成分是_____，抗碱成分是_____。

6. 临床上正常人体血液的 pH 总是维持在_____

之间，把血液的 pH 小于_____，称为酸中毒；把血液的 pH 大于_____，称为碱中毒；酸中毒时可用_____纠正，碱中毒时可用_____纠正。

三、选择题

1. 下列物质中属于弱电解质的是（　　）。
   A. 二氧化碳　　　　B. 乙酸
   C. 氯化钠　　　　　D. 氢氧化钠

2. 下列各组物质中全都是弱电解质的是（　　）。
   A. 乙酸、碳酸　　　B. 硫酸、亚硫酸
   C. 乙醇、蔗糖　　　D. 氨水、氢氧化钠

3. 下列物质中属于强电解质的是（　　）。
   A. 氯化铵　B. 氨水　C. 乙酸　D. 碳酸

4. 关于酸性溶液，叙述正确的是（　　）。
   A. 只有 H^+ 存在　　B. $c(H^+)<10^{-7}$mol/L
   C. pH≤7　　　　　　D. $c(H^+)>c(OH^-)$

5. $c(H^+) = 10^{-9}$mol/L 的溶液，pH 为（　　）。
   A. 1　　B. 3　　C. 9　　D. 14

6. 已知成人胃液的 pH = 1，婴儿胃液的 pH = 5，成

人胃液的 $c(H^+)$ 是婴儿胃液 $c(H^+)$ 的（　　）。

A. 5 倍　　　　　　　B. 1000 倍

C. 10^4 倍　　　　　D. 10^{-4} 倍

7. 向 CH_3COOH 溶液中加入 CH_3COONa，会产生同离子效应，则溶液的 pH（　　）。

A. 减少　B. 增加　C. 不变　D. 几乎不变

8. 向乙酸和乙酸钠混合溶液中加入少量的盐酸，则溶液的 pH（　　）。

A. 减小　　　　　　　B. 增大

C. 无法判断　　　　　D. 几乎不变

四、计算题

1. 计算下列溶液的 pH：

（1）0.1mol/L NaOH 溶液；

（2）$c(H^+) = 1.0×10^{-3}$ mol/L。

2. 将等体积的 0.01mol/L NaOH 溶液和 0.01mol/L HCl 溶液混合，计算混合后溶液的 pH。

（张自悟）

烃

学习重点

1. 有机化合物的结构特点。
2. 官能团、同分异构体、同系物的概念。
3. 烷烃的结构和命名。
4. 烯烃和炔烃的结构、命名、化学性质。
5. 苯的结构、化学性质，苯的同系物的命名。

第1节　有机化合物概述

自然界的化合物种类繁多，根据其组成、结构、性质不同分为无机物和有机化合物。有机化合物简称有机物，如糖类、油脂、蛋白质、维生素、纤维、塑料、橡胶、某些药物等，它们在科研、生产、生活、医学等方面有着广泛的应用。

一、有机化合物和有机化学的概念

早在 17 世纪，化学家把从矿物或非生物中获取的物质称为无机物；把从生物体中获得的物质称为有机物，意指"有生机之物"。当时科学界对有机物的理解比较肤浅，认为有机物只能在有"生命力"的生物体内产生，根本不可能通过无机物人工合成。1828 年，德国化学家维勒偶然发现由典型的无机化合物氰酸铵通过加热直接转变成公认的有机物尿素，此后科学家又相继用无机物制取了一些有机物。在众多的科学实践中，化学家们放弃了生命力学说，加强了有机物的人工合成实验，极大地促进了有机化合物和有机化学的发展。有机化合物的名称早已丧失本来的含义，但是由于历史和习惯的缘故，有机物的名称一直沿用未改。

后来经研究发现，所有的有机化合物都含有碳元素，绝大多数含有氢元素。只含有碳、氢元素的化合物称为碳氢化合物。大量的有机化合物还含有氧、氮、卤素、硫、磷等元素，这些有机化合物可以看成是由碳氢化合物中的氢原子被其他原子或原子团取代得到的化合物，称为碳氢化合物的衍生物。**碳氢化合物及其衍生物称为有机化合物。** 一氧化碳、二氧化碳、碳酸及其盐等少数物质虽然含有碳元素，但因其结构和性质与无机物类似，仍然归为无机物。

研究有机化合物的科学称为有机化学。 有机化学与医学密切相关，人体组织主要由有机物组成，物质在体内的代谢和生命过程基本上都是有机化学反应的过程。药物的研发，疾病的诊断、治疗等都离不开有机化学知识。

二、有机化合物的特性

（一）易燃性

除四氯化碳等少数有机化合物外，乙醇、油脂等绝大多数有机化合物都容易燃烧。有机化合物燃烧主要生成水和二氧化碳等氧化物，根据生成物的组成和数量可以测定有机化合物的组成和含量。无机化合物一般不燃烧，据此可以对有机化合物和无机化合物进行初步区别。

（二）熔点低

有机化合物分子之间的作用力很小，所以它们的熔点比较低，一般低于400℃。熔点是有机化合物重要的物理常数之一，测定熔点可以对有机化合物进行鉴别或判断其是否纯净。

（三）难溶于水

大多数有机化合物之间的某些性质比较接近，而与水相差较大，所以大多数有机化合物难溶于水，易溶于乙醇、四氯化碳、苯等有机化合物。据此可以选择合适的溶剂。

（四）稳定性差

维生素C等许多有机化合物含有活泼的基团，在受热、受潮、细菌、光照、氧化等作用下容易发生化学反应，所以许多药品、食品保存需要特殊的条件，而且有一定的保质期。许多市售的食品或药品保存需要特殊的条件，且常标明保质期或有效期，就是其中的有机物稳定性差、易发生变质的缘故。

（五）反应速率慢

有机化合物分子中的化学键为共价键，共价键不易断裂，所以有机化合物反应速率慢，为了加快它们之间的反应，常采取加热、加压、加入催化剂等措施。

（六）反应产物复杂

有机化合物分子中有较多的原子或原子团，当它和某一物质反应时，反应的部位往往有多个，所以常常有副反应发生，反应产物复杂。

三、有机化合物的结构

（一）碳原子的成键特点

1. 碳元素的化合价

碳原子最外电子层上有4个电子，既不易得电子，也不易失电子，一般只能形成共价键。在有机化合物中，碳原子用最外层上4个电子与其他原子形成4个共用电子对而显示4价。例如，

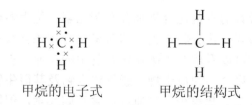

甲烷的电子式　　　　　甲烷的结构式

表示分子中原子间的连接顺序和方式的化学式称为结构式。有机化合物常用结构式表示。

有机化合物中常见元素的化合价（共用电子对数）：碳显4价、氢和卤素显1价、氧和硫显2价、氮和磷显3价。

常见元素的化合价是判断有机化合物结构式正确与否的重要根据。

学习检测

6-1 所有的有机化合物都含有_____，绝大多数含有_____。只含有碳、氢元素的化合物称为_____。

6-2 有机化合物的特性有_____、_____、_____、_____、_____、_____。

2. 碳原子之间的成键方式

有机化合物中碳原子之间相互成键有三种方式，两个碳原子之间共用一对电子时形成**碳碳单键**、共用两对电子时形成**碳碳双键**、共用三对电子时形成**碳碳三键**。

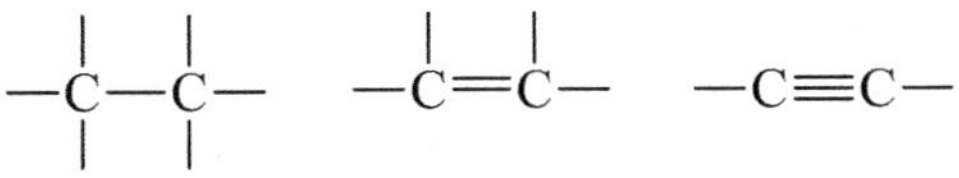

$$—\overset{|}{\underset{|}{C}}—\overset{|}{\underset{|}{C}}— \qquad —\overset{|}{C}=\overset{|}{C}— \qquad —C\equiv C—$$

碳碳单键　　　碳碳双键　　　碳碳三键

3. 碳原子之间的连接形式

碳原子之间可以相互连接形成各种形状，构成了有机物的碳链"骨架"，其形状主要有链状和环状。例如，

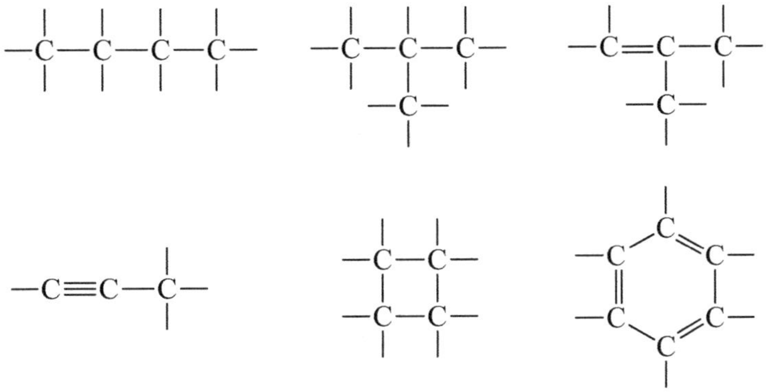

碳原子之间连接形成的碳链多种多样，既有短的碳链，又有长的碳链；既有直链，又可带有支链；既有开链状的碳链，又有闭链状的碳链。碳原子之间连接形式的多样性是有机化合物数量众多的原因之一。

4. 碳原子的类型

根据每个碳原子直接相连的碳原子数目，把碳原子分成伯碳原子、仲碳原子、叔碳原子、季碳原子四种类型。例如，

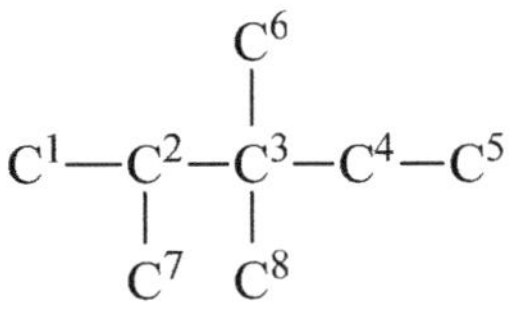

$$\overset{\displaystyle C^6}{\underset{\displaystyle C^7\;\;C^8}{C^1—C^2—C^3—C^4—C^5}}$$

伯碳原子是与 1 个碳原子直接相连的碳原子；如上式中的 C^1、C^5、C^6、C^7、C^8。

仲碳原子是与 2 个碳原子直接相连的碳原子；如 C^4。

叔碳原子是与 3 个碳原子直接相连的碳原子；如 C^2。

季碳原子是与 4 个碳原子直接相连的碳原子；如 C^3。

（二）有机化合物的同分异构现象

分子组成为 C_2H_6O 的物质可能的结构有以下两种：

$$
\begin{array}{cc}
\underset{\text{乙醇}}{H-\overset{\displaystyle H}{\underset{\displaystyle H}{C}}-\overset{\displaystyle H}{\underset{\displaystyle H}{C}}-O-H}
&
\underset{\text{甲醚}}{H-\overset{\displaystyle H}{\underset{\displaystyle H}{C}}-O-\overset{\displaystyle H}{\underset{\displaystyle H}{C}}-H}
\end{array}
$$

　　这种**分子组成相同，而结构不同的化合物互称为同分异构体；此类现象称为同分异构现象。**物质的结构决定物质的性质，同分异构体由于结构不同，导致理化性质，甚至生理、药理活性有所不同。例如，乙醇常温下为液体，能与钠、钾反应；而甲醚常温下为气体，不与钠、钾反应。再如，左氧氟沙星，其同分异构体中的一种有抗菌作用，而另一种却无抗菌作用。

　　由于有机化合物中同分异构体的普遍存在，分子式只能反映有机化合物的组成，不能反映有机化合物的原子间连接顺序和方式，所以有机化合物常用结构式表示。为了书写方便，更多的使用结构简式。例如，乙醇、甲醚结构简式分别为

$$
\underset{\text{乙醇}}{CH_3—CH_2—OH \text{或} CH_3CH_2OH} \qquad \underset{\text{甲醚}}{CH_3—O—CH_3 \text{或} CH_3OCH_3}
$$

知识链接

结构式、结构简式及键线式

　　有机化合物分子中原子之间的一个共用电子对用一根短线表示，用短线连接分子中的原子，称为结构式。把结构中的碳原子等连接的氢原子合并构成简写的结构式，称为结构简式，又称示性式；结构简式中有时常省略连接碳碳和碳氢等单键上的短线。如果将碳、氢元素符号省略，只表示分子中键的连接状况，每个拐点或终点均表示有一个碳原子，这种式子称为键线式；在有机化学中，常用多边形的键线式表示碳环等的结构，多边形的每个顶点代表 1 个碳原子和该碳原子为保持 4 价所需要的氢原子数。

四、有机化合物的分类

　　有机化合物有两种分类方法，一是按构成有机化合物的碳链骨架分类，二是按含有的官能团分类。

（一）按碳链骨架分类

　　有机化合物按其构成的碳链骨架可分为以下各类化合物。

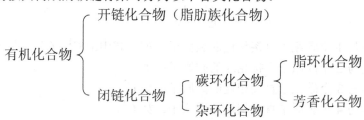

1. 开链化合物（脂肪族化合物）

碳原子与碳原子或其他原子之间连接成链状的有机化合物称为**开链化合物**。这类化合物由于最初是在脂肪中发现，所以又称脂肪族化合物。例如，

$$CH_3 —— CH_3 \qquad CH_3 —— CH_2 —— CH_2 —— OH \qquad CH_3 —— CH_2 —— CH_2 —— COOH$$

乙烷　　　　　　　　丙醇　　　　　　　　　丁酸

2. 闭链化合物

碳原子与碳原子或其他原子之间连接成环状的有机化合物称为**闭链化合物**。闭链化合物据环中原子的构成情况分为碳环化合物和杂环化合物。

（1）碳环化合物：分子中构成环的原子全部由碳原子构成的化合物称为**碳环化合物**。碳环化合物又分为脂环化合物和芳香化合物；与脂肪族（开链）化合物性质类似的化合物称为**脂环化合物**，如环戊烷、环己烷；含苯环的化合物称为**芳香化合物**，如苯、萘。

环戊烷　　　　　　环己烷　　　　　　苯　　　　　　　萘

（2）杂环化合物：构成环的原子中除碳原子以外还有其他原子的化合物称为**杂环化合物**，如呋喃、吡啶。

呋喃　　　　　　　　吡啶

（二）按官能团分类

决定一类有机化合物化学特性的原子或原子团称为官能团。按有机化合物含有的官能团分类如表 6-1 所示。

表 6-1 常见有机化合物及其官能团

有机化合物种类	官能团名称	官能团结构式	有机化合物种类	官能团名称	官能团结构式
烯烃	碳碳双键	$-\overset{\|}{C}=\overset{\|}{C}-$	酮	酮基	$-\overset{O}{\overset{\|\|}{C}}-$
炔烃	碳碳三键	$-C\equiv C-$	羧酸	羧基	$-\overset{O}{\overset{\|\|}{C}}-OH$
醇和酚	羟基	$-OH$	酯	酯键	$-\overset{O}{\overset{\|\|}{C}}-O-$
醚	醚键	$-O-$	胺	氨基	$-NH_2$
醛	醛基	$-\overset{O}{\overset{\|\|}{C}}-H$	酰胺	酰胺键	$-\overset{O}{\overset{\|\|}{C}}-\overset{H}{\overset{\|}{N}}-$

6-3　碳原子之间的成键方式有哪三种？碳原子有哪四种类型？

6-4　为什么有机化合物常用结构简式表示，很少用分子式表示？

6-5　有机化合物有哪两种分类方法？

知识链接

有机化合物在医学上的重要意义

　　医学研究的对象是人体，人体组成中的蛋白质、糖类、脂肪等均为有机化合物。蛋白质参与了人类的遗传、繁殖、生长、运动等生命活动；糖类主要为人类提供能量；脂肪中的油脂既可以为人类提供能量，又能保护内脏器官，参与脂溶性维生素的消化吸收。医学的主要任务是预防、治疗疾病，消毒用的乙醇、许多疫苗等是有机化合物，许多药物，如我国获得诺贝尔生理学或医学奖的屠呦呦提取出的抗疟药青蒿素等也是有机化合物。

第2节　烷　烃

　　含有碳和氢两种元素的化合物称为碳氢化合物，简称烃。烃是有机化合物的母体，其他有机化合物都可以看作是烃的衍生物。烃根据碳链结构不同可进行如下分类。

一、烷烃的结构

　　分子中碳原子之间以单键相结合成链状，其余价键全部跟氢原子结合的开链烃称为饱和链烃，又称烷烃。

　　烷烃是含氢原子最多的烃，在烷烃分子中，和碳原子连接的氢原子数目已达到最高限度，不可能再增加，因此称饱和链烃。烷烃中碳原子数最少的是甲烷，分子式为 CH_4，其结构如图 6-1 所示。

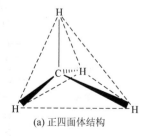
(a) 正四面体结构

(b) 球棒模型

(c) 比例模型

图 6-1　甲烷的结构

除甲烷外，在天然气和石油等物质中还存在着一系列结构和甲烷相似的烷烃。例如，

甲烷　CH_4

乙烷　$CH_3—CH_3$

丙烷　$CH_3—CH_2—CH_3$

丁烷　$CH_3—CH_2—CH_2—CH_3$

戊烷　$CH_3—CH_2—CH_2—CH_2—CH_3$

己烷　$CH_3—CH_2—CH_2—CH_2—CH_2—CH_3$

烷烃结构特点是分子中全部是共价单键。烷烃的分子组成符合通式 C_nH_{2n+2}。分析比较上述烷烃可以发现其结构相似，组成上相差若干个 CH_2 原子团，我们把这种**结构相似、组成上相差若干个 CH_2 原子团的化合物**互称为同系物。CH_2 称同系差。同系物由于结构相似，所以化学性质类似，又由于相邻同系物相差的 CH_2 逐渐增多，所以其物理性质呈规律性变化。

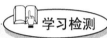
学习检测

6-6　下列化合物属于烃的是（　　　）。

　A. CH_3CH_2OH　　　　B. CH_3COOH　　　　C. CH_3CH_3　　　　D. CH_3NH_2

6-7　下列化合物与 CH_3CH_3 互为同系物的是（　　　）。

　A. $CH_3C≡CH$　　　B. $CH_3CH=CH_2$　　C. CH_3CHO　　　　D. $CH_3CH_2CH_3$

二、烷烃的命名

有机化合物结构复杂，种类繁多，同分异构现象广泛存在。为了使每一个有机化合物对应一个名称，按照一定的原则和方法，对有机化合物进行命名是最有效的科学方法。烷烃的命名是有机化合物命名的基础，其他有机化合物的命名原则是在烷烃命名原则的基础上延伸出来的。学习和掌握每一类有机化合物的命名是学习有机化学的主要内容之一。

烷烃的命名法通常有两种，即系统命名法和普通命名法。

（一）系统命名法

1. 直链烷烃的命名　按分子中碳原子数目称为"某烷"。有机化合物命名时需要反映出碳原子个数，碳原子数在 10 个以下的烷烃，用天干顺序甲、乙、丙、丁、戊、己、庚、辛、壬、癸分别表示分子中 1～10 个碳原子数；碳原子数在 10 个以上的烷烃，用汉字数字表示碳原子数目。例如，

CH_4 甲烷

$CH_3—CH_2—CH_2—CH_3$ 丁烷

$CH_3—(CH_2)_4—CH_3$ 己烷

$CH_3—(CH_2)_8—CH_3$ 癸烷

$CH_3—(CH_2)_9—CH_3$ 十一烷

$CH_3—(CH_2)_{13}—CH_3$ 十五烷

$CH_3—(CH_2)_{19}—CH_3$ 二十一烷

烷基的命名

烃分子去掉一个氢原子后剩下的原子团称为烃基，用—R 表示。烷烃分子去掉一个氢原子后剩余的原子团称为烷基，也用—R 表示。例如，甲烷 CH_4 分子去掉一个氢原子后剩余的原子团—CH_3 称为甲基；乙烷 CH_3—CH_3 分子去掉一个氢原子后剩余的原子团—CH_2—CH_3 称为乙基。

2. 带支链烷烃的命名　带支链的烷烃是把支链看作直链烷烃的取代基，命名原则如下。

（1）选主链：选定分子中最长的碳链作为主链，把支链当作取代基。

（2）编号：从离取代基最近的一端开始，给主链各碳原子用阿拉伯数字依次编号定位，以确定取代基在主链中的位次。

（3）定名称：按主链碳原子数称为"某烷"，把取代基的名称写在"某烷"之前，将取代基的位次编号写在取代基名称的前面，中间用短线隔开。

若主链上连有相同的取代基，要合并在一起用汉字二、三等数字表示相同取代基的数目，表示其位次的阿拉伯数字间用逗号"，"隔开。若几个取代基不同，应把简单的写在前面，复杂的写在后面，中间再用短线隔开。

$$\overset{1}{C}H_3 - \overset{2}{C}H - \overset{3}{C}H_2 - \overset{4}{C}H_3 \\ | \\ CH_3$$

2-甲基丁烷

$$\overset{5}{C}H_3 - \overset{4}{C}H_2 - \overset{3}{C}H - \overset{2}{C} - \overset{1}{C}H_3 \\ \quad\quad | \quad | \\ \quad\quad CH_3 \; CH_3$$

（上方 2 位碳上有 CH_3）

2，2，3-三甲基戊烷

$$\overset{1}{C}H_3 - \overset{2}{C}H - \overset{3}{C}H - \overset{4}{C}H_2 - \overset{5}{C}H - \overset{6}{C}H_3 \\ \quad\quad | \quad | \quad\quad\quad | \\ \quad\quad CH_3 \; CH_2 \quad\quad CH_3 \\ \quad\quad\quad\quad | \\ \quad\quad\quad\quad CH_3$$

2，5-二甲基-3-乙基己烷

（二）普通命名法

普通命名法，又称习惯命名法，用于命名少数结构特殊烷烃。

（1）直链的烷烃称为"正某烷"。比系统命名法中直链烷烃的名称多一"正"字。例如，

$$CH_3—CH_2—CH_2—CH_3 \quad 正丁烷$$

$$CH_3—CH_2—CH_2—CH_2—CH_2—CH_3 \quad 正庚烷$$

（2）碳链的其中一端有异丙基 $CH_3 — \overset{CH_3}{\underset{|}{C}H}—$，碳链的其余部分是直链，根据主链和支链碳原子总数称为"异某烷"，例如，

$$CH_3 - CH - CH_2 - CH_2 - CH_3$$
$$|$$
$$CH_3$$

异己烷

（3）碳链的其中一端有叔丁基 $CH_3 - \overset{\displaystyle CH_3}{\underset{\displaystyle CH_3}{C}} -$，碳链的其余部分是直链，根据主链和支链

碳原子总数称为"新某烷"。例如，

$$CH_3 - \overset{\displaystyle CH_3}{\underset{\displaystyle CH_3}{C}} - CH_2 - CH_2 - CH_3$$

新庚烷

　　普通命名法的优点是简单方便，缺点是只能命名极少数结构特殊的烷烃，具有非常大的局限性。对结构比较复杂的烷烃只能采用系统命名法。

📖 学习检测

　　6-8　用系统命名法命名下列烷烃。

$$CH_3 - CH - CH - CH_3 \qquad CH_3 - CH_2 - CH_2 - CH - CH - CH_3$$
$$\qquad \quad | \qquad \; | \qquad\qquad\qquad\qquad\qquad\qquad | \qquad \;\; |$$
$$\qquad \; CH_3 \;\; CH_3 \qquad\qquad\qquad\qquad\qquad CH_2 \;\; CH_3$$
$$\qquad\qquad\qquad\qquad\qquad\qquad\qquad\qquad\qquad\qquad\quad |$$
$$\qquad\qquad\qquad\qquad\qquad\qquad\qquad\qquad\qquad\qquad CH_3$$

　　6-9　用普通命名法命名下列烷烃。

$$CH_3 - CH_2 - CH_2 - CH_2 - CH_3 \qquad CH_3 - CH - CH_2 - CH_3 \qquad CH_3 - \overset{\displaystyle CH_3}{\underset{\displaystyle CH_3}{C}} - CH_3$$
$$\qquad\qquad\qquad\qquad\qquad\qquad\qquad\qquad\qquad\quad |$$
$$\qquad\qquad\qquad\qquad\qquad\qquad\qquad\qquad\;\; CH_3$$

三、烷烃的性质

（一）物理性质

　　烷烃难溶于水，易溶于乙醇等有机溶剂，但有些物理性质随碳原子数增加呈规律性变化，如熔沸点，常温常压下，碳原子较少的烷烃为气体，较多的为液体，更多的为固体。

（二）化学性质

　　1. 稳定性

　　烷烃中的键都是单键，化学上把这种键称为 σ 键。σ 键牢固，不易断裂，所以烷烃的化学性质稳定，与强酸、强碱、强氧化剂都不反应。

2. 氧化反应

$$CH_4 + 2O_2 \xrightarrow{\text{点燃}} CO_2 + 2H_2O$$

烷烃都能燃烧，生成二氧化碳和水，同时放出大量的热。烷烃最重要的用途是作燃料。

3. 取代反应

甲烷与氯气在光照、高温或催化剂作用下发生如下反应：

$$CH_3 - H + Cl - Cl \xrightarrow{\text{光照}} CH_3Cl + HCl$$

一氯甲烷

反应中甲烷的氢原子被氯原子代替，在此条件下一氯甲烷可以连续发生取代反应生成二氯甲烷、三氯甲烷（氯仿）、四氯甲烷（四氯化碳）。**有机化合物分子中的某些原子或原子团，被其他原子或原子团所代替的反应称为取代反应。**

学习检测

6-10　在一定条件下，能与烷烃发生取代反应的是（　　　）。

A. 氯化氢　　　　　　B. 氯气　　　　　　C. 氧气　　　　　　D. 二氧化碳

6-11　下列关于烷烃的叙述中，不正确的是（　　　）。

A. 丁烷常温下为固体　　　　　　B. 乙烷与强氧化剂高锰酸钾溶液不反应

C. 丁烷可用作燃料　　　　　　　D. 日光照射下可与氯水发生取代反应

知识链接

常见的烷烃混合物

（1）石油醚：石油醚常温下为无色透明液体，是碳原子数较少烷烃的混合物，主要用作有机溶剂。石油醚极易燃烧而且有毒，使用和储存时要注意安全。

（2）液状石蜡：液状石蜡是一种无色透明油状液体，主要成分是18～24个碳原子的烷烃混合物。由于不能被皮肤吸收，而且化学性质稳定，可用作软膏、搽剂和化妆品的基质，也用作润滑肠道的缓泻剂。

（3）石蜡：石蜡是一种白色或淡黄色的蜡状固体，主要成分是25～34个碳原子的高级烷烃的混合物，医药用作蜡疗、药丸包衣、封瓶等。

第3节　烯烃和炔烃

分子中含有碳碳双键或碳碳三键的开链烃称为**不饱和链烃**。不饱和链烃分为烯烃和炔烃。

一、烯烃的概念和结构

分子中含有碳碳双键的开链烃称为烯烃。研究发现，碳碳双键并不是由两个单键构成，

而是由一个牢固的 σ 键和一个不牢固的 π 键构成的。由于 π 键不牢固，容易断裂，因此烯烃化学性质活泼。碳碳双键是烯烃的官能团。

（一）乙烯

烯烃中最简单的是乙烯（$CH_2 = CH_2$），它是一种无色、略有甜味的气体，具有催熟果实的作用，是合成纤维、橡胶、许多化工产品的原料，医药上乙烯与氧的混合物可用作麻醉剂，其结构如图 6-2 所示。

(a) 立体结构　　　　　　　(b) 球棒模型　　　　　　　　　　(c) 比例模型

图 6-2　乙烯的结构

（二）烯烃的同系物和通式

烯烃中除碳原子数最少的乙烯外，还有丙烯、丁烯、戊烯、己烯、庚烯等一系列化合物，这些化合物的结构相似，都含有碳碳双键，在组成上相差若干个 CH_2 原子团，它们都是乙烯的同系物。

烯烃的结构特点是分子中含有碳碳双键，烯烃的分子组成符合通式 C_nH_{2n}。

二、炔烃的概念和结构

分子中含有碳碳三键的开链烃称为炔烃。 研究发现，碳碳三键并不是由三个单键构成，而是由一个牢固的 σ 键和两个不牢固的 π 键构成的。由于 π 键不牢固，容易断裂，因此炔烃化学性质活泼。碳碳三键是炔烃的官能团。

（一）乙炔

炔烃中最简单的是乙炔（$CH \equiv CH$），纯净的乙炔是一种无色、无味的气体。其结构如图 6-3 所示。

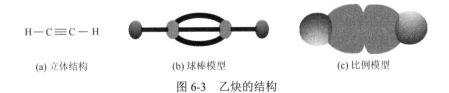

(a) 立体结构　　　　　　(b) 球棒模型　　　　　　　　(c) 比例模型

图 6-3　乙炔的结构

（二）炔烃的同系物和通式

炔烃中除碳原子数最少的乙炔外，还有丙炔、丁炔、戊炔、己炔、庚炔等一系列化合物，这些化合物的结构相似，都含有碳碳三键，在组成上相差若干个 CH_2 原子团，它们都是炔烃的同系物。

炔烃的结构特点是分子中含有碳碳三键，炔烃的分子组成符合通式 C_nH_{2n-2}。

三、烯烃和炔烃的命名

烯烃和炔烃由于分子结构中存在不饱和键碳碳双键和碳碳三键，因此两者的系统命名法相似。烯烃和炔烃的命名与烷烃相似之处是碳原子数在 10 个以下时，都用天干表示，10 个以上碳原子则用中文数字表示。与烷烃命名不同的是，由于烷烃没有官能团，烯烃和炔烃有官能团，因此烯烃和炔烃在选择主链、给主链碳原子编号时，首先要考虑的是官能团碳碳双键或碳碳三键。

结构简单的直链烯烃和炔烃根据碳原子数直接定名称为"某烯"或"某炔"。

结构较复杂带支链的烯烃或炔烃的命名原则：

（1）选主链：选择含碳碳双键或碳碳三键的最长碳链为主链，支链当作取代基。

（2）编号：从离双键或三键最近的一端开始给主链碳原子依序编号定位，确定双键或三键及取代基的位次。

（3）定名称：依据主链碳原子数目称为"某烯"或"某炔"，碳碳双键称"烯"，碳碳三键称"炔"；双键或三键上位次较小的数字标在烯烃或炔烃名称前面；取代基的位次、数目和名称写在双键或三键位次之前，中间用短线隔开。

例如，

$$\overset{1}{CH_3}-\overset{2}{CH}=\overset{3}{CH}-\overset{4}{CH_3}$$
2-丁烯

$$\overset{}{CH_3}-C\equiv C-CH_2-CH_3$$
2-戊炔

$$CH_3-CH-C\equiv CH$$
$$| $$
$$CH_3$$
3-甲基-1-丁炔

$$\overset{3}{CH_3}-\overset{2}{C}=\overset{1}{CH_2}$$
$$|$$
$$CH_3$$
2-甲基-1-丙烯

$$\overset{5}{CH_3}-\overset{4}{CH}-\overset{3}{CH}=\overset{2}{C}-\overset{1}{CH_3}$$
$$\quad\quad|\quad\quad\quad|$$
$$\quad\quad CH_3\quad\quad CH_3$$
2,4-二甲基-2-戊烯

$$\overset{1}{CH_2}=\overset{2}{C}-\overset{3}{CH}-\overset{4}{CH_2}-\overset{5}{CH_2}-\overset{6}{CH_3}$$
$$\quad\quad|\quad\quad|$$
$$\quad CH_3-CH_2\ CH_3$$
3-甲基-2-乙基-1-己烯

📖 学习检测

6-12　烯烃和炔烃的命名与烷烃的命名有哪些相同点和不同点？

6-13　熟记并背诵烯烃和炔烃的命名原则。

6-14　命名：

$$\quad\quad\quad\quad CH_2$$
$$\quad\quad\quad\quad ||$$
$$CH_3-CH_2-C-CH_2-CH_2-CH_2-CH_3$$

$$CH_3-CH_2-CH-C\equiv C-CH_2-CH-CH_3$$
$$\quad\quad\quad\quad\quad|\quad\quad\quad\quad\quad\quad|$$
$$\quad\quad\quad\quad\quad CH_3\quad\quad\quad\quad\quad CH_3$$

四、烯烃和炔烃的性质

（一）物理性质

烯烃和炔烃的熔点、沸点随着碳原子数的增多而有规律地升高。4 个碳以下的烯烃和炔烃常温下是气体，4 个碳以上的烯烃和炔烃常温下是液体，碳原子更多的烯烃和炔烃常温下是固体。烯烃和炔烃液态时的密度都小于 $1g/cm^3$，难溶于水，易溶于有机溶剂。

（二）化学性质

烯烃和炔烃分子中的碳碳双键和碳碳三键中都含有不牢固、易断裂的 π 键，所以两者的化学性质相似。下面以乙烯、乙炔为例讨论烯烃和炔烃的化学性质。

1. 氧化反应

烯烃和炔烃同烷烃一样，均能在空气中燃烧生成二氧化碳和水，但其含碳量大些，会产生黑烟。

$$CH_2{=\!\!=}CH_2 + 3O_2 \xrightarrow{点燃} 2CO_2 + 2H_2O + 热量$$

$$2CH{\equiv}CH + 5O_2 \xrightarrow{点燃} 4CO_2 + 2H_2O + 热量$$

此外，烯烃和炔烃分子中由于存在易断裂的 π 键，易被酸性高锰酸钾溶液氧化，使高锰酸钾溶液的紫红色褪去，而饱和烃不能使酸性高锰酸钾溶液褪色。利用该性质可以区别饱和烃和不饱和烃。

2. 加成反应

加成反应是指有机化合物分子中的双键或三键中的 π 键断裂，双键或三键原子上加入其他原子或原子团的反应。 烯烃和炔烃分别可以与氢气、卤素、卤化氢等发生如下加成反应。

$$CH_2{=}CH_2 + H{-}H \longrightarrow CH_3{-}CH_3$$

$$CH_2{=}CH_2 + Br{-}Br \longrightarrow \underset{\underset{Br}{|}}{CH_2}{-}\underset{\underset{Br}{|}}{CH_2}$$

1, 2-二溴乙烷

$$CH{\equiv}CH \xrightarrow{Br_2} \underset{\underset{Br}{|}}{CH}{=}\underset{\underset{Br}{|}}{CH} \xrightarrow{Br_2} \underset{\underset{Br}{|}}{\overset{\overset{Br}{|}}{CH}}{-}\underset{\underset{Br}{|}}{\overset{\overset{Br}{|}}{CH}}$$

1, 2-二溴乙烯　　　　　1, 1, 2, 2-四溴乙烷

$$CH{\equiv}CH + H{-}Cl \longrightarrow CH_2{=}\underset{\underset{Cl}{|}}{CH}$$

氯乙烯

当烯烃或炔烃与溴水的四氯化碳溶液发生加成反应时，溴水的红棕色褪去，但烷烃不能与溴水的四氯化碳溶液反应，所以不褪色。因此可用溴水区别饱和烃与不饱和烃。

3. 聚合反应

在一定条件下，乙烯、乙炔等中的 π 键断裂后还可以发生自身加成反应，生成更大的分

子。这种**由小分子化合物结合成大分子化合物的反应称为聚合反应**，参加聚合反应的小分子称为**单体**，聚合后生成的大分子产物称为**聚合物**。例如，

$$n CH_2 = CH_2 \xrightarrow{\text{催化剂}} [\cdots CH_2 - CH_2 - CH_2 - CH_2 - CH_2 - CH_2 \cdots]$$

$$\longrightarrow \begin{array}{c} \\ \end{array} CH_2 - CH_2 \begin{array}{c} \\ \end{array}_n \text{（聚乙烯）}$$

聚乙烯是一种无色无味无毒的塑料，广泛地用于制造塑料容器、包装材料等，医药上用于制造输液容器、医用导管、整形材料等。

再如，

$$2 CH \equiv CH \xrightarrow{\text{催化剂}} CH_2 = CH - C \equiv CH \text{（乙烯基乙炔）}$$

乙烯基乙炔有毒，对人体有刺激和麻醉作用，主要用于制备氯丁橡胶。

 学习检测

6-15　溴水和丙烯反应的产物是（　　　）。

A. $CH_2BrCH_2CH_3$　　　　　　　　　　B. $CH_3CHBrCH_3$

C. $CH_2BrCH_2CH_2Br$　　　　　　　　　D. $CH_3CHBrCH_2Br$

6-16　下列关于烯烃、炔烃的叙述中，不正确的是（　　　）。

A. 乙炔可以用来焊接、切割金属　　　　B. 烯烃、炔烃官能团类似，所以化学性质类似

C. 燃烧情况和烷烃相同　　　　　　　　D. 利用与高锰酸钾反应可以区别甲烷和乙烯

知识链接

乙烯、乙炔的作用

（1）乙烯：乙烯最重要的作用是用作化工原料，利用它可以合成塑料、橡胶、农药和一些日用化工产品，而且乙烯工业的发展带动了石油化工的发展，所以常用乙烯的产量来衡量一个国家的石油化工的发展水平。

（2）乙炔：乙炔燃烧时产生大量的热，产生的氧炔焰温度能达到 3000℃ 以上，可以用来切割、焊接金属。乙炔也是化工原料，它是制备乙醛、乙酸、苯、合成橡胶、合成纤维等的基本原料。

第4节　闭　链　烃

由碳原子构成的环状结构的烃称为闭链烃。闭链烃分为脂环烃和芳香烃两类。

一、脂　环　烃

与脂肪烃性质类似的闭链烃称为脂环烃。根据环中键的类型分为环烷烃、环烯烃和环炔烃，**环烷烃**是环内全为单键的脂环烃，**环烯烃**和**环炔烃**是环内分别有碳碳双键和碳碳三键的脂环烃。环烷烃、环烯烃、环炔烃命名时据环中碳原子数目分别称"环某烷""环某烯""环某炔"。例如，

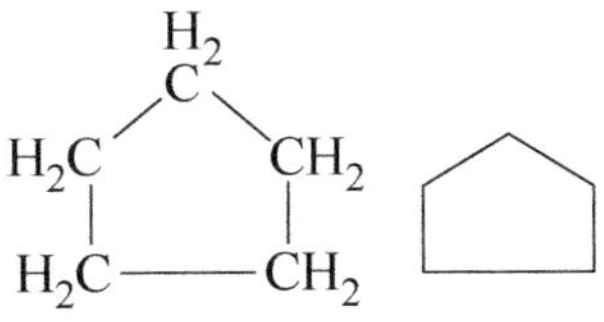

环戊烷 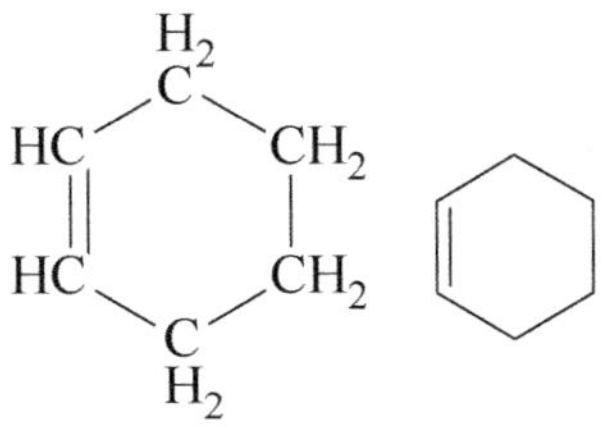　　　　　　　　　　环己烯 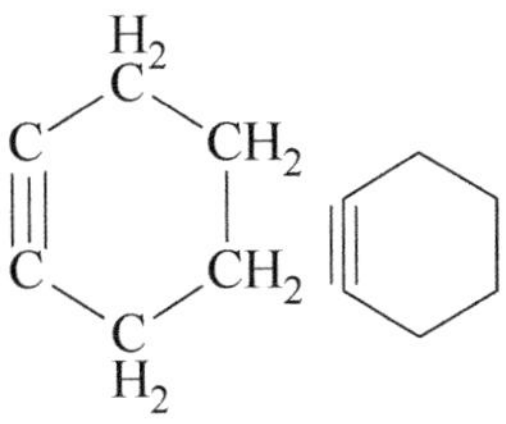　　　　　　　　　　环己炔

闭链化合物可用**键线式（碳架式）**表示。键线式省略了结构中的碳原子和氢原子，其他原子或原子团则要写出，用短线表示共价键，拐点或端点处表示有一个碳原子以及该碳原子为保持 4 价所需的氢原子。

二、芳　香　烃

分子中含有一个或多个苯环结构的烃称为芳香烃，简称芳烃。 芳香烃因最初从天然树脂中提取出来具有芳香气味而得名，芳香烃分为单环芳烃和多环芳烃。

（一）芳香烃的结构

芳香烃中最简单的是苯（C_6H_6）。德国化学家凯库勒在研究苯的结构后提出了苯的如下结构，为此把这种结构称为凯库勒式。

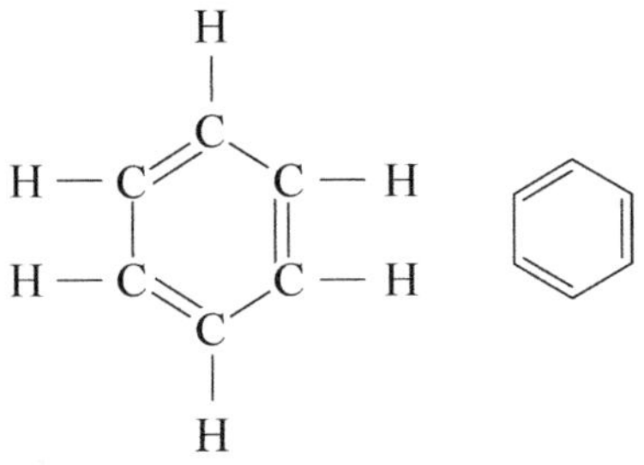

经研究发现，苯分子中六个碳原子相互连接成一个平面正六边形，苯环中的碳碳键并不是单键，也不是双键，而是介于两者之间的特殊的键——大 π 键。为了更恰当地反映苯的结构特点，用⬡表示苯。

苯中的氢原子被其他烃基取代构成了其他芳香烃，即**苯的同系物其组成符合通式 $C_nC_{2n-6}(n \geqslant 6)$**。

（二）芳香烃的命名

简单芳香烃命名时，把苯环作为母体，苯环的侧链烷基当作取代基，用阿拉伯数字编号或用汉字表示其位置，命名时"基"字常省略。

（1）一元烷基苯命名时据烷基的名字称为"某苯"。例如，

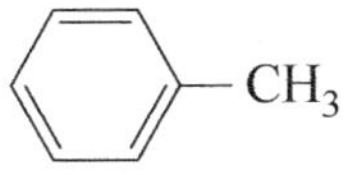

甲苯 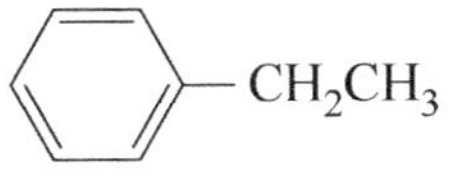　　　　　　　　　乙苯

（2）二元烷基苯有 3 种异构体，命名时在名称前用邻、间、对或用阿拉伯数字表示取代基的位置。例如，

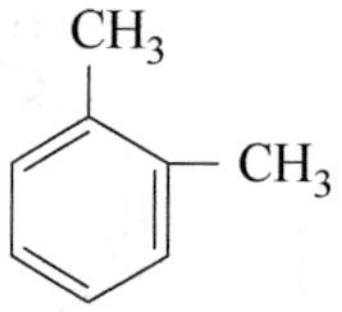

邻二甲苯
1,2-二甲苯

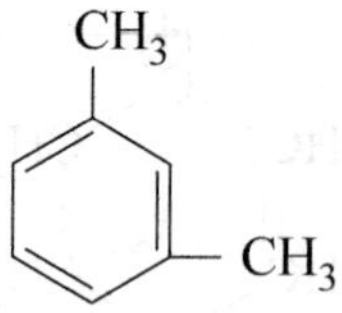

间二甲苯
1,3-二甲苯

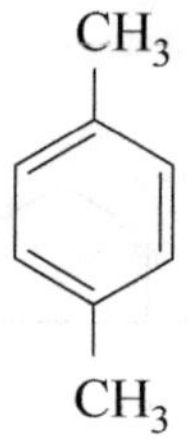

对二甲苯
1,4-二甲苯

（3）三元烷基苯有3种异构体，三个烷基相同时用连、偏、均表示其位置，也可用阿拉伯数字编号表示其位置。例如，

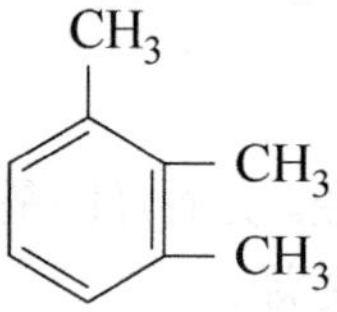

连三甲苯
1,2,3-三甲苯

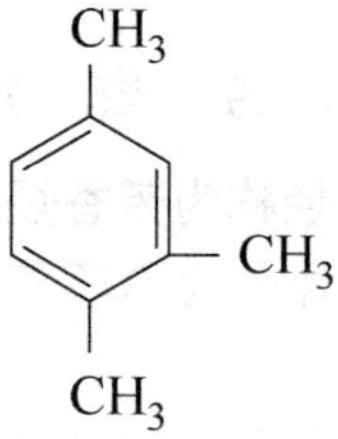

偏三甲苯
1,2,4-三甲苯

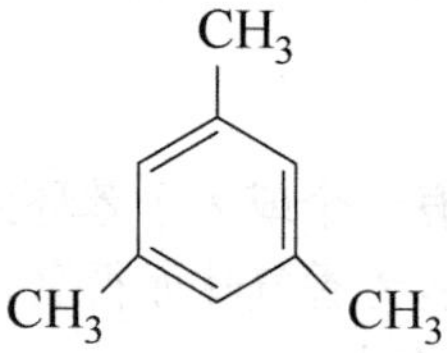

均三甲苯
1,3,5-三甲苯

芳香烃分子中去掉一个氢原子后形成的原子团称为芳香烃基，用符号“Ar-”表示。常见的芳香烃基有

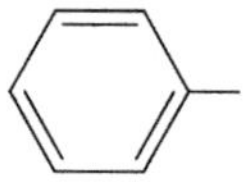

或C_6H_5—

苯基

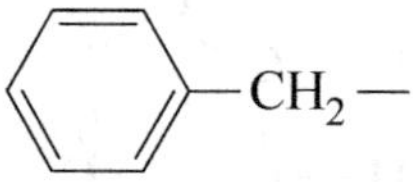

或$C_6H_5CH_2$—

苯甲基（苄基）

（三）芳香烃的性质

苯是一种无色、有芳香气味的液体，难溶于水，易溶于有机溶剂。苯是橡胶、合成树脂、合成纤维、合成药物和农药等的重要原料，还可以作有机溶剂和黏合剂用于造漆、喷漆、制鞋、家具制造业等。但苯有毒，可引起中枢神经系统病变，造血系统病变，导致血小板减少症、再生障碍性贫血、白血病等，所以使用时一定要防止中毒。

苯的同系物一般都是无色、有特殊气味的液体，难溶于水，易溶于有机溶剂，具有毒性，长期吸入其蒸气会引起中毒。熔沸点、密度等也是随着碳原子数增多而增大。

芳香烃化学性质比较稳定，可以燃烧，在特殊条件下易取代、能加成、难氧化。

1. 取代反应

在催化剂催化作用下，苯环上的氢原子可以被卤素原子、硝基、磺酸基取代而发生卤代反应、硝化反应、磺化反应。

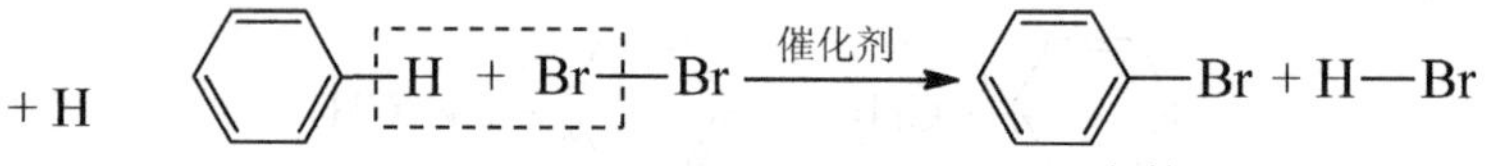

溴苯

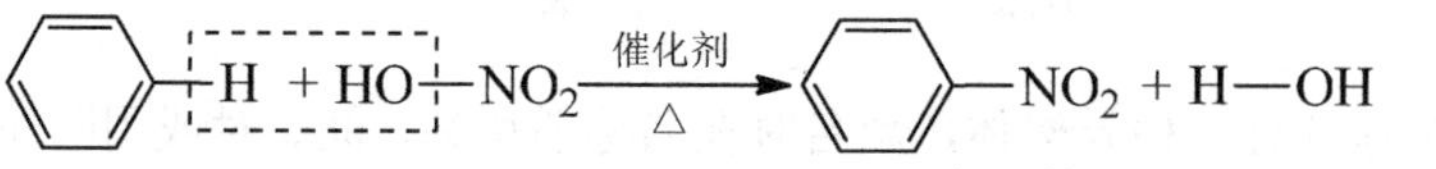

硝基苯

$$\text{（苯）} - H + HO - SO_2OH \xrightarrow[\triangle]{\text{催化剂}} \text{（苯）} - SO_2OH + H_2O$$

苯磺酸

2. 加成反应

苯环在特定的条件下能发生加成反应。例如，在催化剂、加热等条件下苯可加氢生成环己烷。

$$\text{（苯）} + 3H_2 \xrightarrow[\triangle]{\text{催化剂}} \text{（环己烷）}$$

3. 氧化反应

苯的结构稳定，不会被强氧化剂酸性高锰酸钾溶液氧化。但苯在空气中可充分燃烧生成二氧化碳和水，燃烧时发出明亮而带浓烟的火焰。

苯的同系物在性质上与苯基本相似，都能发生取代反应、加成反应，燃烧时都能发出带有浓烟的火焰。但由于苯环和侧链的相互影响，使苯的同系物与苯在化学性质上有部分差别。例如，酸性高锰酸钾溶液不能氧化苯环，但能氧化苯环的侧链。所以用酸性高锰酸钾溶液可区别苯与苯的同系物。

$$\text{（苯）} - CH_3 \xrightarrow[H_2SO_4]{KMnO_4} \text{（苯）} - COOH \text{（苯甲酸）}$$

学习检测

6-17　下列有机物中属于环烷烃的是（　　　）。

A. 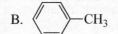　　B. 　　C. 　　D. （环己烷）

6-18　芳香烃是指（　　　）。

A. 分子组成符合 C_nH_{2n-6} 的化合物　　B. 分子中含苯环的化合物

C. 分子中含有一个或多个苯环的烃　　D. 苯及其同系物

6-19　下列关于芳香烃的叙述正确的是（　　　）。

A. 芳香烃就是有芳香气味的烃　　B. 苯易发生取代反应

C. 苯中有碳碳双键，易加成　　D. 苯及其同系物化学性质相同

知识链接

稠环芳香烃

由 2 个或 2 个以上的苯环共用 2 个相邻碳原子稠合形成的多环芳香烃称为稠环芳香烃。常见的稠环芳香烃有萘、蒽、菲等。

（1）萘：萘是最简单的稠环芳香烃，分子式为 $C_{10}H_8$，是由 2 个苯环稠合而成的。结构式为

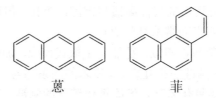

  萘为白色片状晶体，熔点80.6℃，沸点218℃，有特殊气味，易升华，不溶于水，能溶于乙醇、乙醚等有机溶剂。萘存在于煤焦油中，过去曾用萘制成卫生球用作防蛀，因萘蒸气及粉尘对人体有毒害，现已停止生产和使用。

  （2）蒽和菲：蒽和菲的分子式都为$C_{14}H_{10}$，两者是同分异构体。蒽是由3个苯环以直线式稠合在一起形成的，分子中的所有原子都在同一平面上。菲是由3个苯环以角式稠合而成。其结构式分别为

蒽   菲

  蒽为无色片状结晶，是制造染料的重要原料。菲是无色有光泽的晶体。

本章知识点总结

一、有机化合物的概述

知识点	知识内容
有机化合物的概念	碳氢化合物及其衍生物称为有机化合物
有机化合物的特性	①易燃性；②熔沸点低；③难溶于水；④稳定性差；⑤反应速率慢；⑥反应产物复杂
结构式的概念	表示分子中原子间的连接顺序和方式的化学式称为结构式
有机化合物中常见元素化合价	碳显4价、氢和卤素显1价、氧和硫显2价、氮和磷显3价
碳原子成键方式	两个碳原子之间可形成碳碳单键、碳碳双键、碳碳三键三种方式
同分异构体的概念	分子组成相同，而结构不同的化合物互称为同分异构体
官能团的概念	决定一类有机化合物化学特性的原子或原子团称为官能团

二、烷 烃

知识点	知识内容
烃的概念	含有碳和氢两种元素的化合物称为碳氢化合物，简称烃
同系物	结构相似，组成上相差若干个CH_2原子团的化合物互称为同系物。化学性质类似，物理性质呈规律性变化
烷烃的概念、结构特点和通式	分子中碳原子之间以单键相结合成链状，其余价键全部跟氢原子结合的开链烃称为饱和链烃，又称烷烃。结构特点：分子中全部为共价单键。通式：C_nH_{2n+2}
烷烃的命名 〔系统命名法	①选主链；②编号；③定名称
〔普通命名法	①正某烷；②异某烷；③新某烷
烷烃的化学性质	①稳定性；②氧化反应；③取代反应

三、烯烃和炔烃

知识点	知识内容
烯烃的概念、结构特点和通式	分子中含有碳碳双键的开链烃称为烯烃。结构特点：分子结构中含碳碳双键。通式：C_nH_{2n}
炔烃的概念、结构特点和通式	分子中含有碳碳三键的开链烃称为炔烃。结构特点：分子结构中含碳碳三键。通式：C_nH_{2n-2}
烯烃和炔烃的命名	①选主链；②编号；③定名称
烯烃和炔烃的化学性质	①氧化反应；②加成反应；③聚合反应

四、闭　链　烃

知识点	知识内容
脂环烃	概念：与脂肪烃性质类似的闭链烃称为脂环烃
	命名：据环中碳原子数目分别称"环某烷""环某烯""环某炔"
芳香烃	概念：分子中含有一个或多个苯环结构的烃称为芳香烃，简称芳烃
	苯的结构：　或
	命名：把苯环作为母体，苯环的侧链烷基当作取代基，用阿拉伯数字编号或用汉字表示其位置，命名时"基"字常省略
	化学性质：①取代反应；②加成反应；③氧化反应

自　测　题

一、名词解释

1. 有机化合物　2. 同分异构体　3. 官能团

4. 烃　5. 烷烃　6. 同系物　7. 烯烃　8. 炔烃

9. 脂环烃　10. 芳香烃

二、选择题

1. 下列物质不属于有机化合物的是（　　）。

　　A. CH_3OH　　　　　B. CCl_4

　　C. CH_4　　　　　　D. CO_2

2. 下列说法正确的是（　　）。

　　A. 所有的有机化合物都难溶或不溶于水

　　B. 所有的有机化合物都含有碳元素

　　C. 所有的有机化学反应速率都十分缓慢

　　D. 所有的有机化合物都容易燃烧

3. 下列结构式中书写错误的是（　　）。

　　A. CH_3CH_2OH　　　　B. $CH_2 = CH_2$

　　C. $CH_3CH_2NH_2$　　　D. $CH_3CH_3CH_3$

4. 下列说法正确的是（　　）。

　　A. 烷烃、烯烃、炔烃属于饱和烃

B. 烷烃、烯烃、芳香烃属于脂肪烃

C. 烷烃、烯烃、炔烃属于脂肪烃

D. 芳香烃属于脂环烃

5. 下列物质中，属于烷烃的是（　　）。

　　A. C_4H_7Cl　　　　　B. C_5H_{12}

　　C. C_6H_6　　　　　　D. C_3H_4

6. 下列有关同系物的说法错误的是（　　）。

　　A. 具有相同的比例式

　　B. 符合同一通式

　　C. 相邻同系物组成上相差一个 CH_2

　　D. 化学性质相似

7. 用系统命名法对$(CH_3)_4C$命名,正确的是（　　）。

　　A. 新戊烷　　　　　B. 异戊烷

　　C. 2, 2-二甲基丙烷　D. 2-二甲基丙烷

8. 下列叙述中，与烷烃性质不相符的是（　　）。

　　A. 易溶于水、乙醇、乙醚等溶剂

　　B. 燃烧生成二氧化碳和水

　　C. 很稳定，一般不与强酸、强碱、强氧化剂反应

D. 日光照射下可与卤素单质发生取代反应

9. 下列不是烯烃化学性质的是（　　）。

　　A. 氧化反应　　　　　B. 加成反应

　　C. 聚合反应　　　　　D. 取代反应

10. 下列有机物中属于芳香烃的是（　　）。

　　A. 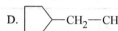　　　　　B. ⬡—NO₂

　　C. ⬡—CH₃　　　　　D. ⬠—CH₂—CH₃

三、填空题

1. 表示分子中原子间的_____和_____的式子称为结构式。

2. 有机物分子中的_____或_____被其他原子或原子团所_____的反应称为取代反应。

3. 有机化合物分子中的_____或_____中的π键断裂，双键或三键原子上加入其他_____或_____的反应称为加成反应。

4. 区别饱和烃和不饱和烃用_____试剂，现象为_____。

5. 区别苯和甲苯用_____试剂，现象为_____。

四、写出下列物质或基团的结构式或结构简式

1. 甲烷　2. 甲基　3. 乙基　4. 碳碳双键　5. 乙烯

6. 碳碳三键　7. 乙炔　8. 环己烷　9. 苯　10. 甲苯

五、用系统命名法命名

1. CH₃—(CH₂)₅—CH₃

2. $$CH_3-CH-CH_2-CH-CH_3$$
$$\qquad | \qquad\qquad\quad |$$
$$\quad CH_2-CH_3 \quad\ CH_3$$

3. $$CH_3-CH-CH_2-CH-CH_2-CH_3$$
$$\qquad | \qquad\qquad\quad |$$
$$\quad CH_3 \qquad\quad CH_2-CH_3$$

4. $$CH_3-CH-CH=CH_2$$
$$\qquad |$$
$$\quad CH_2-CH_3$$

5. $$CH_3-CH-CH_2-CH-CH_2-CH_3$$
$$\qquad | \qquad\qquad\quad |$$
$$\quad CH_3 \qquad\quad HC=CH_2$$

6. $CH_3-CH_2-C\equiv C-CH_3$

7. ⬠—CH₃

8. ⬡ (3-位) CH₃ 和 CH₃

（瞿川岚、丁宏伟）

醇、酚、醚

醇、酚、醚都是烃的含氧衍生物，醇和酚都含有官能团羟基（—OH），醚是醇或酚的衍生物。醇、酚、醚与人们的生活密切相关，在医学上也有着广泛的应用。

第1节 醇

一、醇的结构、分类和命名

（一）醇的结构

脂肪烃、脂环烃或芳香烃侧链上的氢原子被羟基（—OH）取代后生成的化合物称为醇。 醇的结构特点是分子中都含有羟基，称为醇羟基。羟基是醇的官能团，醇的化学性质主要由羟基决定。

醇的结构通式为 R—OH。醇可看作是由烃基 R—和羟基—OH 连接成的化合物。

例如，

$$CH_3—CH_2—OH \qquad \text{环己醇} \qquad \text{苯甲醇}$$

乙醇　　　　　环己醇　　　　　苯甲醇

（二）醇的分类

1. 根据醇分子中羟基所连的烃基不同，分为饱和醇、不饱和醇、脂环醇和芳香醇。

饱和醇 是指羟基与饱和烃基相连的醇，如 $CH_3—OH$（甲醇）。

不饱和醇 是指羟基与不饱和烃基相连的醇，如 $H_2C = CH—CH_2OH$（烯丙醇）。

脂环醇 是指羟基与脂环烃基相连的醇，如（环己醇）。

芳香醇 是指羟基与芳香烃侧链上的碳原子相连的醇，如（苯甲醇）。

2. 根据醇分子中所含羟基的数目，分为一元醇、二元醇和多元醇。

一元醇 是指分子中有一个羟基的醇，如 $CH_3—\overset{\overset{\displaystyle OH}{|}}{CH}—CH_3$（2-丙醇）。

二元醇是指分子中有两个羟基的醇，如 $CH_2{-}CH_2$（乙二醇）。
$\quad\quad\quad\quad\quad\quad\quad\quad\quad\;\,OH\;\;\,OH$

多元醇是指分子中有三个或三个以上羟基的醇，如 $CH_2{-}CH{-}CH_2$（丙三醇）。
$\quad\quad\quad\quad\quad\quad\quad\quad\quad\quad\quad\;\,OH\;\;\,OH\;\;\,OH$

3. 根据醇分子中羟基所连碳原子的类型不同，分为伯醇、仲醇、叔醇。

伯醇是指分子中羟基与伯碳原子相连的醇，如 $CH_3{-}CH_2{-}OH$。

仲醇是指分子中羟基与仲碳原子相连的醇，如 $CH_3{-}CH{-}CH_3$。
$\quad\quad\quad\quad\quad\quad\quad\quad\quad\quad\quad\quad\quad\quad\quad\;\,OH$

叔醇是指分子中羟基与叔碳原子相连的醇，如 $CH_3{-}\overset{\displaystyle CH_3}{\underset{\displaystyle CH_3}{C}}{-}OH$。

学习检测

7-1　醇的官能团是_____，醇的结构通式为_____；根据醇分子中羟基所连的烃基不同，分为_____、_____和_____。

7-2　指出下列醇是伯醇、仲醇还是叔醇？

（1）$CH_3{-}CH_2{-}CH_2{-}OH$　（2）$CH_3{-}\underset{\displaystyle OH}{CH}{-}CH_2{-}CH_3$　（3）$CH_3{-}\overset{\displaystyle CH_3}{\underset{\displaystyle OH}{C}}{-}CH_2{-}CH_3$

（三）醇的命名

1. 选主链：选取连接有羟基的最长碳链为主链，把支链当作取代基。

2. 标位次：从距羟基最近的一端开始给主链碳原子编号，确定羟基和取代基位次。

3. 定名称：按照主链碳原子数目称为"某醇"，将取代基的位次、数目和名称及羟基的位次依次写在"某醇"之前（若在第一位可省略不写）。

若结构中有多个取代基，相同的取代基合并，用数字二、三等表示数目；取代基不同，简单者在前，复杂者在后，中间用短线隔开；编号时要尽可能使官能团和取代基的位次最小，位次编号用逗号隔开，位次编号和名称用短线隔开。

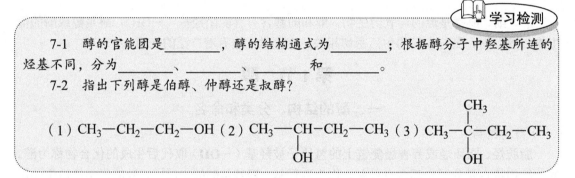

$\overset{3}{C}H_3{-}\overset{2}{C}H_2{-}\overset{1}{C}H_2{-}OH$
1-丙醇（丙醇）

$\overset{1}{C}H_3{-}\underset{\displaystyle \overset{3}{C}H_3}{\overset{2}{C}H}{-}OH$
2-丙醇

$\overset{4}{C}H_3{-}\underset{\displaystyle \overset{3}{C}H_3}{\overset{3}{C}H}{-}\underset{\displaystyle CH_3}{\overset{2}{C}H}{-}\overset{1}{C}H_2{-}OH$
2,3-二甲基-1-丁醇(2,3-二甲基丁醇)

4. 二元醇和多元醇的命名，根据碳原子和羟基的数目来确定，称为"某二醇""某三醇"等，例如，

$CH_2{-}CH_2$
$\;\,OH\;\;\,OH$
乙二醇

$CH_2{-}CH{-}CH_2$
$\;\,OH\;\;\,OH\;\;\,OH$
丙三醇

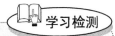

7-3 用系统命名法命名。

$$CH_3—CH—CH_2—CH_3 \qquad CH_3—CH—CH_2—CH—CH_3$$
$$\quad\quad\ |\qquad\qquad\qquad\qquad\quad |\qquad\qquad\ |$$
$$\quad\quad OH\qquad\qquad\qquad\qquad\ OH\qquad\qquad CH_3$$

7-4 根据名称写出结构式。
（1）乙醇　　　　　（2）3-己醇　　　　（3）3-甲基-2-戊醇　　（4）丙三醇

二、醇 的 性 质

（一）物理性质

直链饱和一元醇中，甲醇至丁醇是有酒味的无色透明液体，戊醇至十一醇是有臭味的油状液体，含 12 个以上碳原子的醇是无臭无味的蜡状固体。甲醇、乙醇、丙醇与水能任意混溶；其他低级醇随相对分子质量的增大，在水中溶解度逐渐减小。含 10 个以上碳原子的醇基本上不溶于水，但能溶于汽油等有机溶剂。

（二）化学性质

1. 与活泼金属反应

醇羟基中的氢原子与活泼金属如 Na、K 等可发生置换反应，生成醇钠或醇钾等，放出氢气。

$$2CH_3—CH_2—OH + 2Na \longrightarrow 2CH_3—CH_2—ONa + H_2\uparrow$$

钠与醇反应生成氢气，和钠与水反应相似，但反应不如与水反应剧烈，反应速率也缓慢得多。

2. 氧化反应

在有机化学反应中，氧化反应是指有机物分子得到氧或者失去氢的反应，还原反应是指有机物分子失去氧或者得到氢的反应。

醇分子中与羟基直接相连碳原子上的氢原子，受到羟基的影响比较活泼，容易发生氧化反应。不同类型的醇，反应产物各不相同。伯醇和仲醇可在催化剂的作用下分别生成醛和酮，叔醇中与羟基相连的碳原子上没有氢原子，一般不发生此反应。

$$R—CH_2—OH \xrightarrow[\text{[O]}]{\text{催化剂}} R—\overset{\overset{\displaystyle O}{\|}}{C}—H$$

伯醇　　　　　　　　　醛

$$R—\underset{\underset{\displaystyle R'}{|}}{C}H—OH \xrightarrow[\text{[O]}]{\text{催化剂}} R—\overset{\overset{\displaystyle O}{\|}}{C}—R'$$

仲醇　　　　　　　　　酮

酒 驾 检 验

酒驾已成为当前造成交通事故最主要的原因，危害极大。关于酒后驾车的检验，国家制定了统一的检测标准，能够快速、有效、准确地检测驾驶员是否酒后驾车，使用的原理就是乙醇（CH_3CH_2OH）的氧化反应。交警采用呼出气体酒精含量探测器予以检验，运用的化学方程式如下：

$$2CrO_3 + 3CH_3CH_2OH + 3H_2SO_4 \longrightarrow Cr_2(SO_4)_3 + 3CH_3CHO + 6H_2O$$

上式中反应物 CrO_3 为黄色，生成物 $Cr_2(SO_4)_3$ 为绿色。检测时，如果驾驶员喝酒了，探测器中黄色的三氧化铬就变为绿色的硫酸铬；如果没喝酒，则不会变成绿色；通过颜色的变化可以判断驾驶员是否为酒后驾车。

3. 脱水反应

醇在酸性催化剂如浓硫酸的存在下加热，能发生脱水反应。脱水反应根据加热温度的不同，有两种不同的反应方式。

（1）分子内脱水　在较高的反应温度下，倾向于发生分子内脱水。例如，乙醇与浓硫酸共热到170℃左右，发生分子内脱水，生成乙烯。

$$\underset{\underset{\boxed{H \quad\ OH}}{|\qquad\ |}}{CH_2-CH_2} \xrightarrow[170℃]{浓H_2SO_4} CH_2{=}CH_2 + H_2O$$

（2）分子间脱水　在较低的反应温度下，倾向于发生分子间脱水。例如，乙醇在浓硫酸的存在下加热到140℃，发生分子间脱水生成乙醚。

$$CH_3-CH_2-O\boxed{-H + H-O}-CH_2-CH_3 \xrightarrow[140℃]{浓H_2SO_4} CH_3-CH_2-O-CH_2-CH_3 + H_2O$$

学习检测

7-5　醇有哪些主要的化学性质？
7-6　分别写出乙醇分子内脱水和分子间脱水的反应式。

三、常 见 的 醇

（一）甲醇

甲醇（CH_3OH）俗称木醇或木精，因最初由木材干馏所得而得名，是无色、有酒精气味、易挥发的可燃液体，沸点64.7℃，能与水和大多数有机溶剂互溶。甲醇有毒，经消化道、呼吸道或皮肤摄入都会产生毒性反应。常见的中毒症状：最初产生喝醉的感觉，数小时后头痛、恶心、呕吐、视线模糊，严重者会失明，甚至中毒死亡。发生的假酒中毒一般都是饮用酒中甲醇严重超标造成的。甲醇是基本的有机原料之一，广泛应用于工业、农业、医药等各个领域。

（二）乙醇

乙醇（CH_3CH_2OH）俗名酒精，是饮用酒的主要成分。乙醇是无色、易挥发、易燃的透明液体，沸点 78.5℃，能与水以任意比例互溶，也能与大多数有机溶剂混溶。饮用的各类酒含有浓度不同的乙醇。乙醇进入人体内，可在肝脏中被氧化成乙醛和乙酸，所以适量饮酒人可耐受，还有通风散寒、舒筋活血、有利于睡眠的作用。但过量饮酒会损害肝脏，甚至造成酒精中毒致死。

乙醇的用途很广，在国防工业、医疗卫生、有机合成、食品工业、工农业生产中都有广泛的使用。乙醇在医药卫生方面的用途也十分广泛，与水按照不同比例互溶，所得乙醇溶液的用途各不相同（表 7-1）。

表 7-1　不同浓度乙醇的用途

名称	体积分数(φ_B)	用途
无水乙醇	0.995	作为化学试剂或溶剂
药用酒精	0.95	配制碘酊，浸制药酒，酒精灯燃料
消毒酒精	0.75	消毒杀菌，用于器械和皮肤消毒
擦浴酒精	0.25～0.50	退热降温，用于高热患者擦浴

（三）丙三醇

丙三醇（CH_2—CH—CH_2，下接 OH　OH　OH），俗称甘油，是无色、无臭、黏稠、略带甜味的液体，熔点 17.9℃，沸点 290℃，密度 $1.26g/cm^3$，能吸潮，可以与水任意比例互溶。较稀的甘油水溶液涂在皮肤上可使皮肤保湿、光滑，防止干裂，但高浓度的甘油溶液反而会因吸水使皮肤干燥。在医学方面，丙三醇用以制取各种配剂、外用软膏或栓剂等。临床上常用甘油栓或者 $\varphi_B = 0.50$ 的甘油水溶液（开塞露）治疗便秘。

学习检测

7-7　假酒中毒一般都是饮用酒中什么物质严重超标造成的？有什么危害？

7-8　不同浓度的乙醇各有什么用途？

知识链接

医学上常见的其他醇类

苯甲醇又称苄醇（$C_6H_5CH_2OH$），是最简单的芳香醇，是无色、具有芳香气味的液体，能溶于水，易溶于乙醇、乙醚等有机溶剂，沸点 205.35℃，苯甲醇具有微弱的麻醉和防腐作用，常用作注射剂中的止痛、防腐剂。

甘露醇又名己六醇，为白色甜味结晶性粉末，熔点 166～168℃，易溶于水，临床上用 200g/L 甘露醇溶液作为高渗溶液，可降低颅内压、脑水肿，是效果很好的渗透性脱水剂。

第2节　酚

一、酚的结构、分类和命名

（一）酚的结构

芳香烃分子中芳环上的氢原子被羟基取代后生成的化合物称为酚。酚中的羟基称为酚羟基，是酚的官能团。酚的结构通式是 Ar—OH，是由芳环直接和羟基相连构成的。例如，

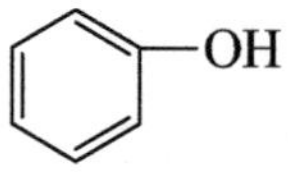

苯酚 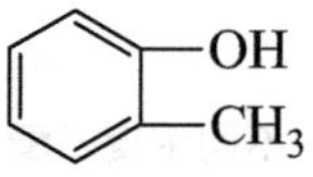　　　　　邻甲酚 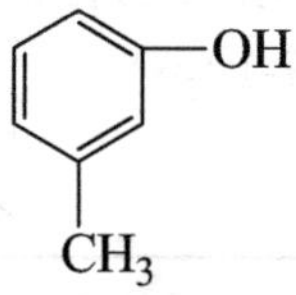　　　　间甲酚

（二）酚的分类

1. 依据分子中含有的酚羟基数目不同，分为一元酚、二元酚和多元酚。

含有一个酚羟基的酚称为一元酚，如苯酚 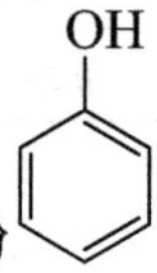　　　。

含有两个酚羟基的酚称为二元酚，如邻-苯二酚 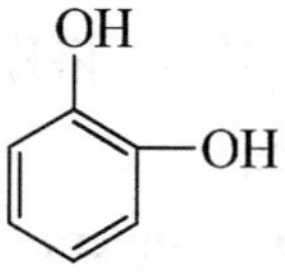　　　　。

含有三个或三个以上酚羟基的酚称为多元酚，如均-苯三酚 HO　　　　。

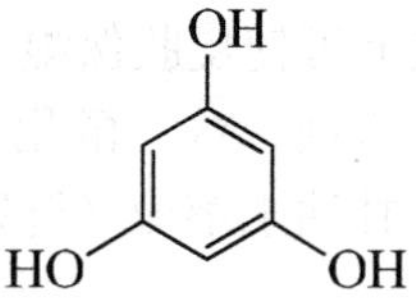

2. 根据酚羟基直接相连的芳环的不同，分为苯酚、萘酚和蒽酚等。

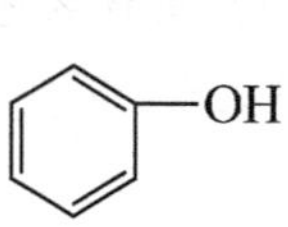

苯酚 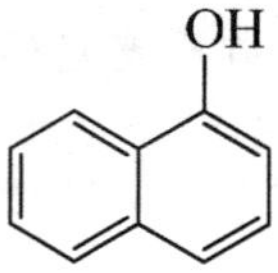　　　　α-萘酚 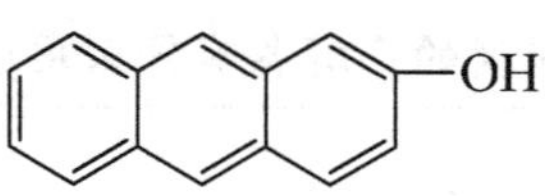　　　　　蒽酚

📖 学习检测

7-9　写出苯酚和苯甲醇的结构式，二者有什么异同？

7-10　依据分子中所含的酚羟基数目的不同，酚分为_____、_____和_____。

（三）酚的命名

酚的命名一般是在芳环的名称后面加"酚"作为母体名称，再将芳环上其他取代基的位次、数目和名称依次写在母体名称的前面；多元酚要标出酚羟基的位次和数目。位次的确定

从芳环上连有酚羟基的碳原子开始编号，要采取最小编号原则，也可以用邻、间、对、连、偏、均等汉字表示。例如，

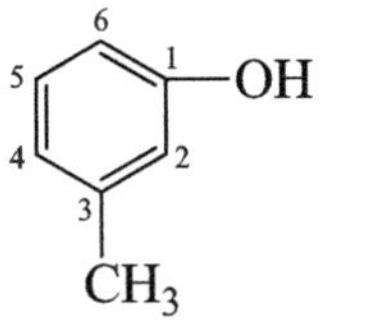

3-甲酚（间甲酚） 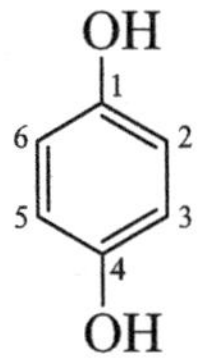　　　　　1,4-苯二酚（对-苯二酚） 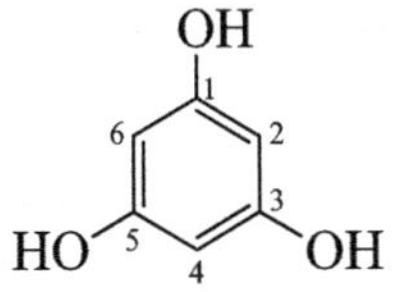　　　　1,3,5-苯三酚（均-苯三酚）

学习检测

　7-11　用系统命名法命名下列物质：

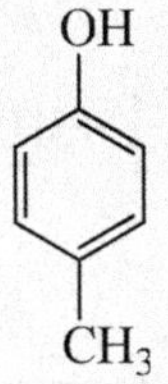

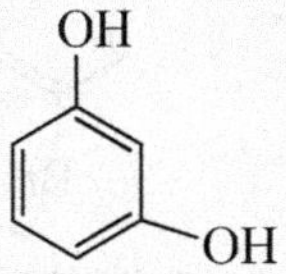

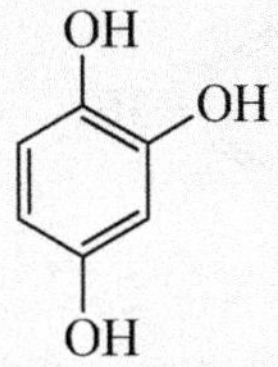

二、酚 的 性 质

（一）物理性质

　　常温下，大多数酚都是固体，熔沸点较高，具有特殊气味，有毒，对皮肤有腐蚀作用。纯净的酚是无色晶体，但在空气中容易被氧化，常带有不同程度的红色或者黄褐色。酚能溶于乙醇、乙醚等有机溶剂，一元酚微溶于水，多元酚易溶于水。

（二）化学性质

　　酚和醇都含有羟基，两者的化学性质有许多相似之处，但由于酚羟基直接连在芳环上，受芳环的影响，酚比醇的化学性质活泼。同时，酚羟基也使芳环上的氢原子变得活泼。

　　1. 弱酸性　酚在水溶液中能电离出少量的氢离子，而具有弱酸性。酚不仅可以和 K、Na 等活泼金属发生反应，还可以和 NaOH 等强碱发生作用生成可溶于水的酚盐。

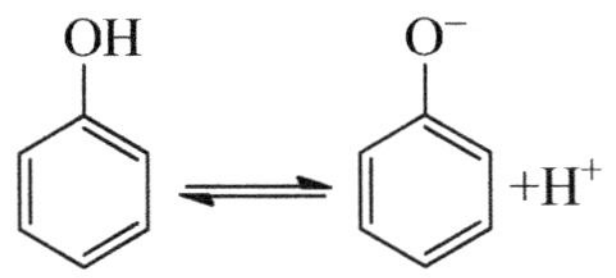

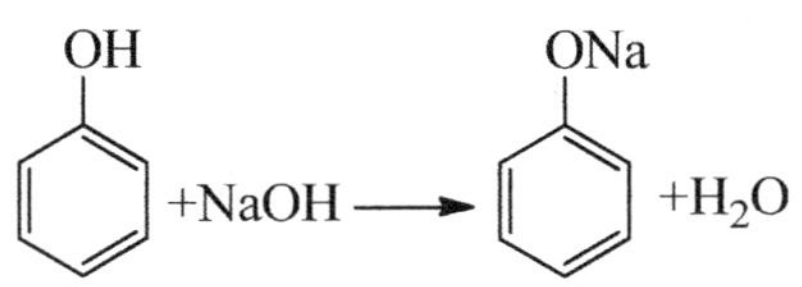

2. 显色反应　大多数酚类化合物能与三氯化铁溶液发生显色反应,不同的酚呈现不同的颜色(表7-2)。利用此反应可以鉴别酚。

表 7-2　酚类与 FeCl$_3$ 发生显色反应的颜色

酚	苯酚	甲酚	邻-苯二酚	间-苯二酚	对-苯二酚	连-苯三酚	均-苯三酚
与 FeCl$_3$ 显色	紫色	蓝色	绿色	紫色	绿色	红色	紫色

3. 氧化反应　酚容易被氧化,氧化产物复杂,无色的苯酚被空气中的氧气氧化变色,变色程度随氧化程度而加深,变为粉红色、红色或暗红色。

4. 取代反应　芳环上连有羟基后,使得芳环上邻位和对位的氢原子得以活化,比苯更容易发生取代反应,如卤代、硝化、磺化等,反应生成多元取代产物。

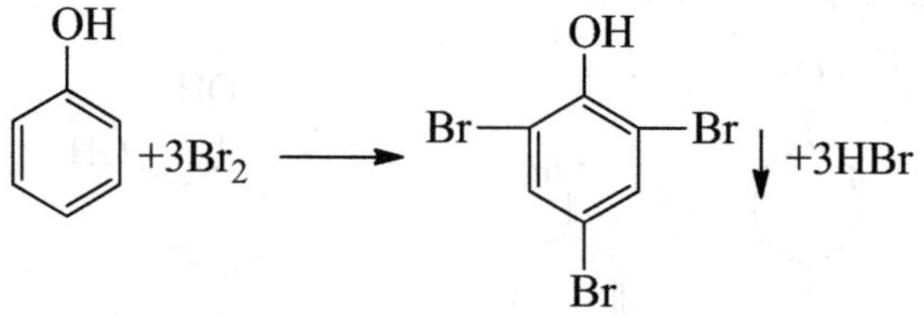

苯酚与饱和的溴水发生反应,生成 2, 4, 6-三溴苯酚的白色沉淀,该反应现象明显且非常灵敏,一般用于苯酚的鉴别和定量分析。

三、常见的酚

(一)苯酚

苯酚(C$_6$H$_5$OH)简称酚,俗称石炭酸,因最初是由分离煤干馏后的焦油所得,又具有弱酸性而得名。纯净的苯酚是无色透明针状晶体,有特殊气味,熔点 43℃,常温下微溶于水,易溶于乙醇等有机溶剂,65℃以上可以与水任意比例互溶。

苯酚有杀菌作用,是外科手术中最早的消毒剂。苯酚有毒,对皮肤和眼睛有腐蚀作用。苯酚也是重要的化工原料,用于制造染料、药物、树脂等。

(二)甲酚

甲酚有邻、间、对三种异构体,它们的结构分别为

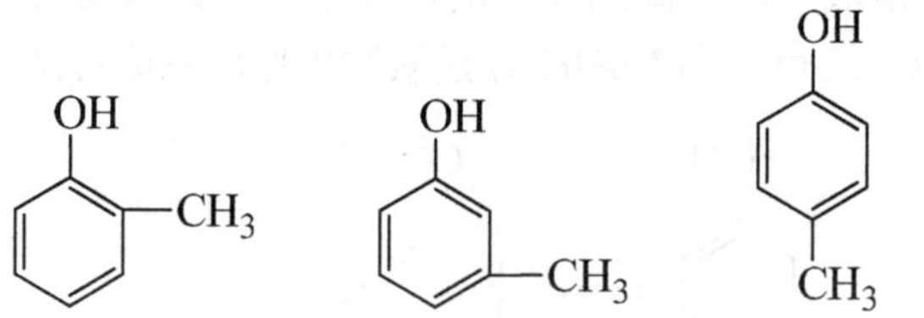

邻-甲苯酚　　　间-甲苯酚　　　对-甲苯酚

由于三种异构体均存在于煤油中且沸点接近,不易分离,其混合物称为煤酚。煤酚的毒性和腐蚀性小,杀菌能力比苯酚强,难溶于水,但能溶于肥皂溶液,因此配成 50% 的煤酚肥皂溶液,俗称"来苏儿",用于器械、环境和排泄物的消毒。但因其对人体、环境有害,已逐渐被其他消毒剂替代。

7-12　甲酚有_____三种位置异构体，其混合物称为_____，配制成50%肥皂溶液俗称_____，临床上可用作_____。

7-13　用化学方法鉴别苯酚。

知识链接

天然酚类化合物

　　酚类化合物广泛存在于植物食品中，由于其羟基取代的高反应性和吞噬自由基的能力而有很好的抗氧化活性。谷物的胚芽富含抗氧化成分生育酚。天然生育酚主要存在于动植物油脂中，以小麦胚芽油中含量最高，其他依次为玉米胚芽油、大豆油、棉籽油、葵花子油、芝麻油、花生油等。葡萄和葡萄酒白藜芦醇是植物体内用于抵抗病原菌侵染的一种二苯乙烯芪类多酚物质，是葡萄和葡萄酒中的一种主要酚类物质，一般认为反式白藜芦醇是红酒能抗动脉粥样硬化症和冠心病的重要成分。

第 3 节　醚

一、醚的结构和命名

（一）醚的结构

　　醚是两个烃基通过一个氧原子连接起来的化合物；也可以看成醇或酚中羟基上的氢原子被烃基取代的产物。醚的官能团是醚键（—C—O—C—），醚的结构通式：R—O—R′，分子中的两个烃基可能相同，也可能不同。

（二）醚的命名

　　两个烃基相同的醚称为**单醚**。单醚命名时，将烃基的数目、名称依次写在"醚"字之前，"基"字省去，称为"二某醚"。烃基为烷基时，"二"字可以省去；烃基为芳香烃基时，"二"字不能省去。例如，

$$CH_3—CH_2—O—CH_2—CH_3$$
乙醚

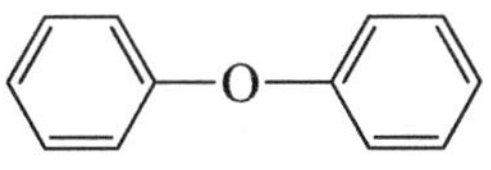

二苯醚

　　两个烃基不同的醚称为**混醚**。混醚命名时，若两个烃基都是脂肪烃基，将简单烃基的名称放在复杂烃基的名称之前；若有一个是芳香烃基，则芳香烃基在前，脂肪烃基在后；"基"字全部省去。例如，

$$CH_3—O—CH_2—CH_3$$
甲乙醚

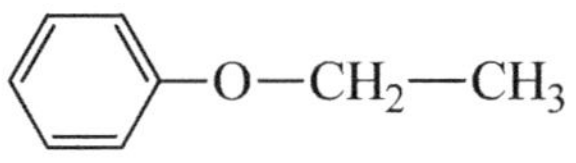

苯乙醚

二、常见的醚

乙醚（CH_3—CH_2—O—CH_2—CH_3）是具有特殊气味的无色液体，沸点 34.5℃，极易挥发和着火，难溶于水，密度比水小，所以乙醚着火不能用水扑灭。乙醚是一种应用广泛的有机溶剂，能溶解很多有机物。

乙醚具有麻醉作用，在外科手术中曾用作全身吸入性麻醉剂，但由于乙醚起效慢，还会引起恶心、呕吐等副作用，现已被更稳定、麻醉效果更好、更安全的安氟醚和异氟醚所替代。

学习检测

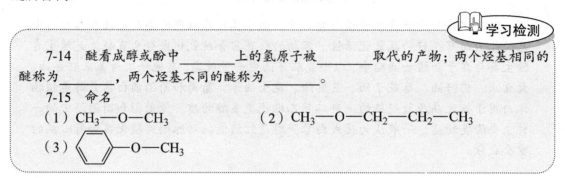

7-14 醚看成醇或酚中_____上的氢原子被_____取代的产物；两个烃基相同的醚称为_____，两个烃基不同的醚称为_____。

7-15 命名

（1）CH_3—O—CH_3　　　　（2）CH_3—O—CH_2—CH_2—CH_3

（3）〔苯环〕—O—CH_3

知识链接

安氟醚和异氟醚

安氟醚，药名易使宁，是无色透明挥发的液体，一般用于复合全身麻醉，可与多种静脉全身麻醉药和全身麻醉辅助用药联用或合用。异氟醚，又名异氟烷，是一种带乙醚样气味的无色澄清透明液体，沸点48.5℃，用于各种手术全身、半身麻醉。安氟醚和异氟醚是互为同分异构体，是目前临床上常用的吸入麻醉药。

本章知识点总结

一、醇

知识点	知识内容
概念	脂肪烃、脂环烃或芳香烃侧链上的氢原子被羟基（—OH）取代后生成的化合物称为醇
结构	醇的结构通式为 R—OH，官能团是醇羟基—OH
分类	（1）根据醇分子中羟基所连的烃基不同，分为饱和醇、不饱和醇、脂环醇和芳香醇。 （2）根据醇分子中所含羟基的数目，分为一元醇、二元醇和多元醇。 （3）根据醇分子中羟基所连碳原子的类型不同，分为伯醇、仲醇、叔醇
命名	①选主链；②标位次；③定名称
化学性质	①与活泼金属反应；②氧化反应；③脱水反应
常见的醇	甲醇、乙醇、丙三醇

二、酚

知识点	知识内容
概念	芳香烃分子中芳环上的氢原子被羟基取代后生成的化合物称为酚
结构	酚的结构通式是 Ar—OH，官能团是酚羟基—OH
分类	（1）依据分子中含有的酚羟基数目不同，分为一元酚、二元酚和多元酚。 （2）依据酚羟基直接相连的芳环的不同，分为苯酚、萘酚和蒽酚等
命名	在芳环的名称后面加"酚"作为母体名称，再将芳环上取代基的位次、数目和名称依次写在母体的前面
化学性质	①弱酸性；②显色反应；③氧化反应；④取代反应
常见的酚	苯酚、甲酚

三、醚

知识点	知识内容
概念	两个烃基通过一个氧原子连接起来的化合物
结构	醚的结构通式：R—O—R′；醚的官能团：醚键 $\overset{\mid}{\underset{\mid}{C}}—O—\overset{\mid}{\underset{\mid}{C}}—$
分类	①单醚；②混醚
命名	①单醚的命名；②混醚的命名
常见的醚	乙醚

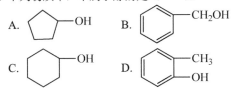

自 测 题

一、名词解释

1. 醇 2. 酚 3. 醚 4. 单醚 5. 混醚

二、选择题

1. 下列物质中，不属于醇的是（　　）。

A. <一个环戊烷—OH> B. <苯环—CH₂OH>

C. <环己烷—OH> D. <苯环，CH₃和OH>

2. 下列物质中属于伯醇的是（　　）。

A. $CH_3CH_2CH_2OH$　　B. $(CH_3)_2CHOH$

C. $(CH_3)_3COH$　　D. C_6H_5OH

3. 向乙醇和金属钠完全反应后的溶液中滴入一滴酚酞，溶液将显（　　）。

A. 无色　　B. 蓝色　　C. 黄色　　D. 红色

4. 浓硫酸与乙醇共热，170℃时反应生成乙烯，这个反应属于（　　）。

A. 取代反应　　　　　B. 氧化反应

C. 酯化反应　　　　　D. 脱水反应

5. 下列物质中，误饮少量损伤视神经，导致失明甚至死亡的是（　　）。

A. 乙醇　　B. 甲醇　　C. 甘油　　D. 乙酸

6. 医学上把 φ_B 为（　　）的乙醇溶液称为消毒酒精。

A. 0.95　　B. 0.75　　C. 0.50　　D. 0.25

7. 丙三醇俗称（　　）。

A. 木醇　　B. 酒精　　C. 来苏儿　D. 甘油

8. 下列物质中不能与三氯化铁溶液发生显色反应的是（　　）。

A. 苯酚　　　　　　　B. 间苯二酚

C. 苯甲醇　　　　　　D. 邻甲酚

9. 下列物质中，用于苯酚的鉴别和定量分析的是（　　）。

A. 氨水　　　　　　　B. 溴水

C. 硫酸铜　　　　　D. 重铬酸钾

10. "来苏儿"在医学上常用于器械、环境和排泄物的消毒，其主要成分是（　　）。

A. 乙醚　B. 甘油　C. 苯酚　D. 甲酚

11. 醚的官能团是（　　）。

A. 醇羟基　　　　　B. 醚键

C. 碳碳双键　　　　D. 酚羟基

12. 下列物质中，可作为麻醉剂的是（　　）。

A. 甲醚　　　　　　B. 乙醚

C. 苯甲醚　　　　　D. 甲乙醚

三、填空题

1. 醇和酚的官能团是_____，其中醇的官能团称为_____，酚的官能团称为_____。

2. 在一定条件下，醇可以被氧化，其中_____氧化生成醛，_____氧化生成酮，_____不能发生氧化反应。

3. 乙醇和浓硫酸共热可发生脱水反应，加热温度不同，脱水方式和产物也不同。乙醇和浓硫酸加热到_____℃时，乙醇主要发生分子内脱水，主要生成_____；加热到_____℃时，主要发生分子间脱水，主要生成_____。

4. 甲醇的俗名是_____或_____，因最初由木材干馏而得名，具有_____气味。

5. 由于酚类容易被氧化，纯净的苯酚呈_____色，苯酚被空气中的氧气氧化变色，颜色随氧化程度增加而_____。

6. 甲酚有_____、_____、_____三种同分异构体，存在于煤焦油中，不易分离，其混合物称为_____。含有 50%的甲酚肥皂溶液俗称_____，具有消毒作用。

四、写出下列物质结构式或者命名

1. 酒精　2. 石炭酸　3. 甲醇　4. 甘油　5. 苯甲醇

6. 乙醚　7. 邻甲酚　8. 均苯三酚

9. 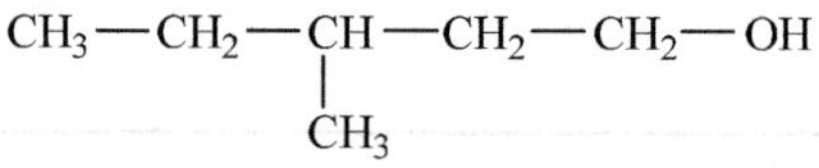 $CH_3-CH_2-CH-CH_2-CH_2-OH$
　　　　　　　|
　　　　　　CH_3

10. 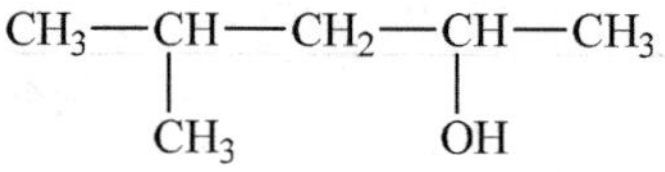
$CH_3-CH-CH_2-CH-CH_3$
　　　　|　　　　　　|
　　　CH_3　　　　OH

11.

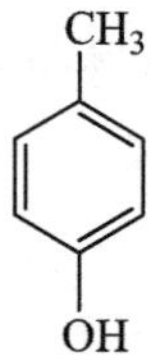

12.

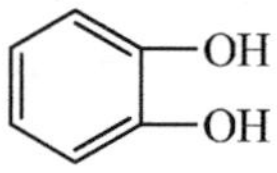

13.

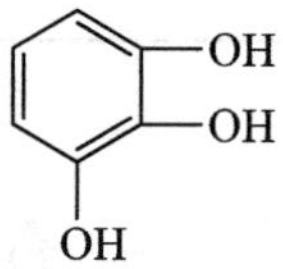

14. 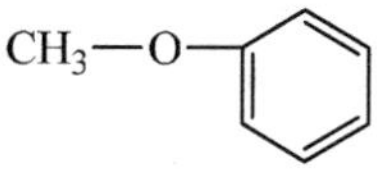
CH_3-O-

15. $CH_3-O-CH_2-CH_3$

（栗　源）

第 8 章

醛 和 酮

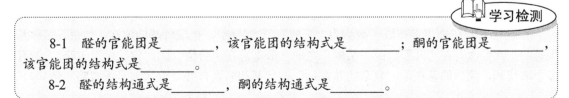

学习重点

1. 醛和酮的结构、命名。
2. 醛和酮主要的化学性质。
3. 常见的醛和酮在医学上的应用。

醛和酮是烃的含氧衍生物，广泛存在于自然界中。例如，植物中提取的柠檬醛、薄荷酮、樟脑、麝香等香精油的成分，动物体中的雄酮激素、雌酮激素、炔诺酮、视黄醛等激素，都属于醛酮类有机物。

第1节　醛和酮的结构、分类和命名

一、醛和酮的结构

碳原子以双键与氧原子连接形成的原子团称为**羰基**（—$\overset{O}{\overset{\|}{C}}$—）。醛和酮分子中都含有羰基，统称为**羰基化合物**。

醛的官能团是**醛基**（—$\overset{O}{\overset{\|}{C}}$—H），简写式—CHO，**醛是指醛基与一个烃基相连形成的化合物**（甲醛除外），结构通式为 R—$\overset{O}{\overset{\|}{C}}$—H。

酮的官能团是**酮基**（—$\overset{O}{\overset{\|}{C}}$—），又称为**羰基**，简写式—CO—，**酮是指羰基与两个烃基相连形成的化合物**，结构通式为 R—$\overset{O}{\overset{\|}{C}}$—R′。

学习检测

8-1　醛的官能团是_____，该官能团的结构式是_____；酮的官能团是_____，该官能团的结构式是_____。

8-2　醛的结构通式是_____，酮的结构通式是_____。

二、醛和酮的分类

（一）根据羰基所连烃基种类分类

根据羰基所连烃基种类的不同，醛和酮分为以下几种。

1. 脂肪醛、脂肪酮。例如，

$$H_3C—CHO \qquad\qquad H_3C—\overset{\overset{\displaystyle O}{\|}}{C}—CH_3$$

乙醛（脂肪醛）　　　丙酮（脂肪酮）

2. 芳香醛、芳香酮。例如，

苯甲醛（芳香醛）　　　苯乙酮（芳香酮）

3. 脂环醛、脂环酮。例如，

环己甲醛（脂环醛）　　　环己酮（脂环酮）

（二）根据羰基数目分类

根据羰基数目的不同，醛和酮分为一元醛、一元酮和多元醛、多元酮。

📖学习检测

8-3　根据羰基所连烃基种类的不同,醛和酮分为：①_____；②_____；③_____。

8-4　根据羰基数目的不同，醛和酮分为①_____；②_____。

三、醛和酮的命名

（一）脂肪醛、脂肪酮的命名

脂肪醛、脂肪酮的命名方法与醇的命名方法类似。

1. 选主链：选择包括羰基碳原子在内的最长碳链为主链，支链当作取代基。

2. 编号：从离羰基最近的一端给主链碳原子顺次编号，确定羰基和取代基的位次。

3. 定名称：依据主链碳原子数称为"某醛"或"某酮"，把取代基的位次、数目、名称及羰基的位次顺次写在"某醛"或"某酮"之前（醛基总在 1 号位，因此位次可以省略）。若有多个取代基，简单的基在前，复杂的基在后；取代基相同则合并，位次编号不省略。例如，

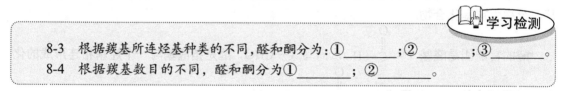

2,3-二甲基丁醛　　　　　　　3-乙基-2-戊酮

$$CH_3—\underset{\underset{5}{|}}{\overset{CH_3}{\underset{4}{C}H}}—\underset{\underset{3}{|}}{\overset{CH_3}{\underset{}{C}H}}—\underset{2}{\overset{CH_2CH_3}{C}H}—\underset{1}{CHO}$$

3,4-二甲基-2-乙基戊醛

$$\underset{1}{CH_3}—\overset{\overset{O}{||}}{\underset{2}{C}}—\underset{3}{CH_2}—\underset{\underset{4}{|}}{\overset{CH_3}{C}H}—\underset{5}{CH_3}$$

4-甲基-2-戊酮

（二）芳香醛、芳香酮的命名

芳香醛、芳香酮的命名，以脂肪醛、脂肪酮为母体，把芳香烃基作为取代基，"基"字一般可以省去。例如，

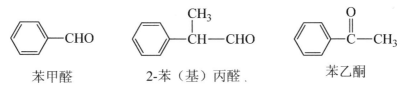

苯甲醛　　　　　　　2-苯（基）丙醛　　　　　　苯乙酮

📖 **学习检测**

8-5　命名下列有机化合物。

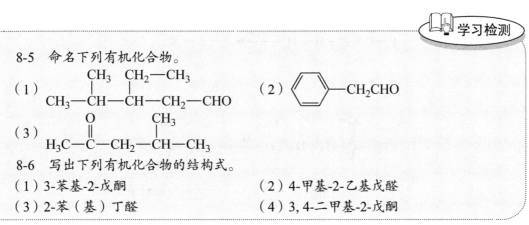

8-6　写出下列有机化合物的结构式。

（1）3-苯基-2-戊酮　　　　　　（2）4-甲基-2-乙基戊醛

（3）2-苯（基）丁醛　　　　　　（4）3,4-二甲基-2-戊酮

知识链接

黄 体 酮

　　黄体酮是一种酮类化合物，白色结晶粉末，无臭无味。黄体酮又称孕酮，是卵巢分泌的具有生物活性的孕激素，对女性生理有着重要作用。黄体酮在月经周期后期使子宫黏膜内腺体生长，子宫充血，内膜增厚，为受精卵植入做好准备；受精卵植入后则使之产生胎盘，并减少妊娠子宫的兴奋性，抑制其活动，使胎儿安全生长；在与雌激素共同作用下，促使乳房充分发育，为产乳做准备。黄体酮在临床上主要用于治疗先兆流产和习惯性流产、经前期紧张综合征、无排卵型供血和无排卵型闭经、与雌激素联合使用治疗更年期综合征等。但是，作为激素类药物，黄体酮具有一定的副作用，可能会引起体重增加、钠水潴留等，严重的还会出现水肿，所以要谨慎服用。

第 2 节　醛、酮的性质和常见的醛、酮

　　醛和酮中都含有羰基，所以有相似的化学性质，如都能发生加成反应。但因二者的官能团不同，醛的化学性质比酮活泼。

一、加成反应

在镍（Ni）、铂（Pt）或钯（Pd）等催化剂的作用下，醛、酮可以发生羰基上的加氢反应。在有机化学反应中，**有机化合物发生加氢的反应称为还原反应。**加氢后醛被还原为伯醇，酮被还原为仲醇。

$$R-\overset{\overset{O}{\|}}{C}-H + H-H \xrightarrow{Ni/Pt/Pd} R-\overset{\overset{OH}{|}}{\underset{\underset{H}{|}}{C}}-H$$

醛　　　　　　　　　　伯醇

$$R-\overset{\overset{O}{\|}}{C}-R' + H-H \xrightarrow{Ni/Pt/Pd} R-\overset{\overset{OH}{|}}{\underset{\underset{H}{|}}{C}}-R'$$

酮　　　　　　　　　　仲醇

$$CH_3-\overset{\overset{O}{\|}}{C}-H + H-H \xrightarrow{Ni} CH_3-\overset{\overset{OH}{|}}{\underset{\underset{H}{|}}{C}}-H$$

乙醛　　　　　　　　乙醇（伯醇）

$$H_3C-\overset{\overset{O}{\|}}{C}-CH_3 + H-H \xrightarrow{Ni} CH_3-\overset{\overset{OH}{|}}{\underset{\underset{H}{|}}{C}}-CH_3$$

丙酮　　　　　　　2-丙醇（仲醇）

此外，醛和酮还可以与多种物质发生加成反应，如水、氢氰酸、亚硫酸氢钠、氨的衍生物等，在有机合成中有非常重要的意义。

📖学习检测

8-7　发生加氢反应后，醛被还原为_____，酮被还原为_____。
8-8　怎样把乙醛转化成乙醇？把丙酮转化成2-丙醇？

二、醛的特殊性质

醛和酮在某种条件下都能被氧化。但醛基上的氢原子比较活泼，有较强的还原性，即使是一些弱氧化剂也能将其氧化。而酮基上没有氢原子，不能被弱氧化剂氧化。常用的弱氧化剂有托伦试剂和费林试剂。

（一）银镜反应

【演示实验 8-1】在洁净的试管中加入 0.1mol/L AgNO₃ 溶液 2mL，再滴加 2mol/L NH₃·H₂O，边滴边振摇，直到最初产生的沉淀恰好溶解为止，此时的溶液称为银氨溶液或**托伦试剂**。再缓慢滴入乙醛溶液 1mL，将试管置于 50～60℃ 热水浴中，观察现象。

结果显示，乙醛与托伦试剂反应，很快在试管内壁上生成光亮的银镜，因此称为**银镜反应**。

在相同条件下，醛能发生银镜反应，酮不能发生，因此利用银镜反应可鉴别醛和酮。

（二）费林反应

费林试剂是硫酸铜溶液（费林试剂甲）和酒石酸钾钠的氢氧化钠溶液（费林试剂乙）以相同体积混合后形成的深蓝色溶液，其主要成分是含有 Cu^{2+} 的配离子。

【演示实验 8-2】在洁净试管中加入费林试剂甲和费林试剂乙各 2mL 混合均匀，再加入乙醛 1mL，将试管置于热水浴中，观察现象。

结果显示，乙醛与费林试剂反应，生成了 Cu_2O 砖红色的沉淀。

脂肪醛与费林试剂作用产生了砖红色的氧化亚铜沉淀的反应，称为**费林反应**。芳香醛及酮不能发生费林反应。可以利用费林反应鉴别脂肪醛与芳香醛及酮。

（三）与希夫试剂的显色反应

希夫试剂又称**品红亚硫酸试剂**，是将二氧化硫通入红色的品红溶液中直至红色刚好消失所得到的无色溶液。醛与希夫试剂作用可显紫红色，酮不能发生反应，因此可利用希夫试剂鉴别醛和酮。

学习检测

8-9　区别醛和酮的方法有哪些？

8-10　用化学方法区别乙醛和丙酮。

三、常见的醛、酮

（一）甲醛

甲醛（HCHO）是碳原子数最少的脂肪醛，俗称蚁醛。常温下为无色气体，具有特殊的刺激气味，对人眼、鼻、皮肤、黏膜等具有刺激作用。沸点 -21℃，易溶于水。甲醛能使蛋白质凝固，具有杀菌作用。质量分数为 40% 的甲醛水溶液俗称**福尔马林**，是医药上常用的防腐剂和消毒剂。

甲醛溶液与氨水共同蒸发，会生成富有吸湿性的白色晶体环六亚甲基四胺 [(CH₂)₆N₄]，药名乌洛托品，在医药上用作尿道消毒剂。甲醛易发生聚合反应，长期放置可聚合成三聚甲醛或低聚甲醛白色固体，经加热可分解为甲醛。低聚甲醛是储存气体甲醛的最好形式。

（二）乙醛

乙醛（CH₃CHO）为无色、易挥发、具有刺激性气味的液体，沸点 20.8℃，易溶于水、乙醇和乙醚。将氯气通入乙醛中可得到三氯乙醛，它易与水结合生成水合三氯乙醛，简称水合氯醛，医药上用作催眠药和抗惊厥药。

（三）苯甲醛

苯甲醛（ $\langle\!\!\!\!\!\bigcirc\!\!\!\!\!\rangle$—CHO）是碳原子数最少的芳香醛，无色液体，有苦杏仁味，又称苦杏仁精（油），常以结合状态存在于杏仁、桃仁等果实核仁中。微溶于水，易溶于乙醇、乙醚。苯甲醛是工业中制备药物、染料、香料等产品的重要原料。

（四）丙酮

丙酮（ $H_3C-\overset{\displaystyle O}{\overset{\displaystyle \|}{C}}-CH_3$ ）是碳原子数最少的酮，是无色液体，易挥发、易燃，能与水、乙醇、乙醚混溶，并能溶解多种有机化合物，是常用的有机溶剂。

丙酮是人体脂肪代谢的中间产物，正常人血液中的丙酮含量很低，但是糖尿病患者由于代谢紊乱，体内常有过量的丙酮产生，并从尿液排出。临床上检查尿液中是否含有丙酮，可向尿液中滴加亚硝酰铁氰化钠溶液和氢氧化钠溶液，如果有丙酮存在，尿液即显鲜红色。

学习检测

8-11　最简单的脂肪醛是_____，最简单的芳香醛是_____，最简单的酮是_____。

8-12　尿液中如果有丙酮，滴加_____溶液和_____溶液，尿液会显_____。

知识链接

酮　中　毒

酮体是肝脏中脂肪分解成脂肪酸的中间代谢产物，包括乙酰乙酸、β-羟丁酸和丙酮三种成分。正常情况下，机体产生少量酮体，随着血液运送到心脏、肾脏和骨骼肌等组织，作为能量来源被利用。血中酮体浓度很低，一般不超过 1.0mg/dL，尿中也测不到酮体。当体内胰岛素不足或者体内缺乏糖分，如饥饿、禁食、严重的妊娠反应情况下，脂肪分解过多时，酮体浓度增高，一部分酮体可通过尿液排出体外，形成酮尿。进一步发展可使血液变酸而引起酸中毒，称为酮症酸中毒。较重的中毒表现为多饮多尿、体力及体重下降、食欲下降、恶心呕吐、呼吸中有类似烂苹果的酮臭味、脱水症状及神志改变等。临床上一般的治疗方法是纠正水和电解质失衡，纠正酸中毒，补充胰岛素促进葡萄糖利用，并寻找和去除诱发酮中毒的应激因素。

本章知识点总结

一、醛

知识点	知识内容
醛的概念	醛是指醛基与一个烃基相连形成的化合物（甲醛除外）
醛的结构	通式 $R-\overset{\displaystyle O}{\overset{\displaystyle \|}{C}}-H$ ，官能团：醛基 $-\overset{\displaystyle O}{\overset{\displaystyle \|}{C}}-H$ ，简写式 —CHO

续表

知识点	知识内容
醛的分类	（1）根据与醛基相连的烃基不同，分为脂肪醛、芳香醛、脂环醛。 （2）根据醛基数目的不同，分为一元醛和多元醛
醛的命名	（1）脂肪醛的命名：①选主链；②编号；③定名称。 （2）芳香醛的命名：以脂肪醛为母体，把芳香烃基作为取代基，"基"字通常可以省略
醛的性质	（1）加氢还原反应。 （2）与弱氧化剂的反应：①银镜反应；②费林反应。 （3）与希夫试剂的显色反应
常见的醛	甲醛、乙醛、苯甲醛

二、酮

知识点	知识内容
酮的概念	酮是指羰基与两个烃基相连形成的化合物
酮的结构	结构通式 $R-\overset{\overset{O}{\|\|}}{C}-R'$，官能团：酮基 $-\overset{\overset{O}{\|\|}}{C}-$
酮的分类	（1）根据与酮基相连的烃基种类不同，分为脂肪酮、芳香酮、脂环酮。 （2）根据酮基数目的不同，分为一元酮和多元酮
酮的命名	（1）脂肪酮的命名：①选主链；②编号；③定名称。 （2）芳香酮的命名：以脂肪酮为母体，把芳香烃基作为取代基，"基"字通常可以省略
酮的性质	加氢还原反应
常见的酮	丙酮

自 测 题

一、名词解释

1. 醛　2. 酮　3. 福尔马林

二、填空题

1. 醛和酮的分子中都含有_____基，结构式为_____，该基团的碳原子若一端与氢原子相连，形成的基团称为_____基。

2. 在有机化学反应中，常把有机物加氢的反应称为_____，_____被还原为伯醇，_____被还原为仲醇。

3. 因为费林试剂只与_____醛反应，不与_____醛反应，所以可以利用费林试剂鉴别芳香醛和脂肪醛。

4. 甲醛是碳原子数最少的脂肪醛，俗称_____，质量分数为40%的甲醛水溶液，俗称_____，是医药上常用的_____和_____。

三、选择题

1. 下列物质能发生银镜反应的是（　　）。
   A. 乙醇　　　　　　B. 乙醛
   C. 丙酮　　　　　　D. 乙醚

2. 下列物质能发生费林反应生成砖红色沉淀的是（　　）。
   A. 丙酮　　　　　　B. 苯甲醛
   C. 2-甲基丙醛　　　D. 苯甲醇

3. 下列试剂不能区分醛和酮的是（　　）。
   A. 托伦试剂　　　　B. 费林试剂
   C. 希夫试剂　　　　D. 亚硫酸氢钠

4. 检查糖尿病患者尿液中的丙酮，可采用的试剂是（　　）。
   A. 托伦试剂
   B. 费林试剂

C. 希夫试剂

D. 亚硝酰铁氰化钠和氢氧化钠

5. 下列关于醛和酮的叙述不正确的是（　　　）。

A. 醛和酮都能被弱氧化剂氧化成相应的羧酸

B. 醛和酮分子结构中都含有羰基

C. 醛和酮都可以发生加氢反应生成醇

D. 醛和酮在一定条件下均能被氧化

四、写出下列物质的结构简式或名称

1. 乙醛　　2. 丙酮　　3. 苯甲醛　　4. 2-甲基-3-戊酮

5. 3-苯基丁醛

6. 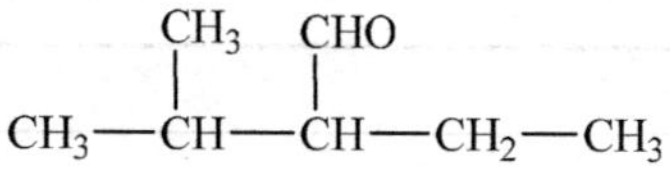
$$CH_3—CH（CH_3）—CH（CHO）—CH_2—CH_3$$

7.

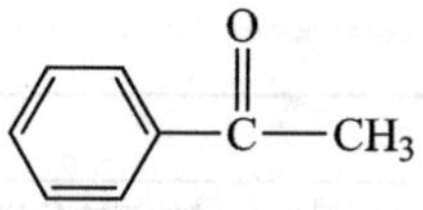

8.

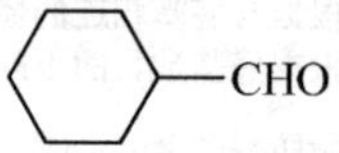

9. 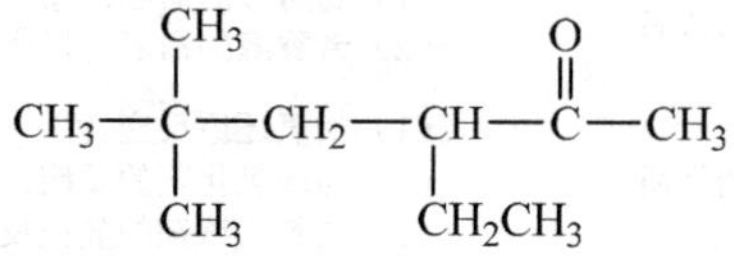 $CH_3—C（CH_3）（CH_3）—CH_2—CH（CH_2CH_3）—CO—CH_3$

10.

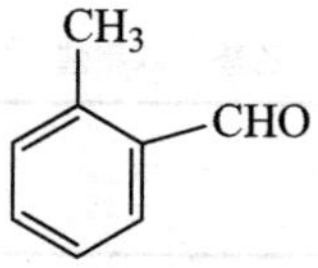

五、用化学方法鉴别下列物质

1. 乙醛和苯甲醛　　　　2. 丙醛和丙酮

（郭　　敏）

第9章

羧酸和取代羧酸

学习重点

1. 羧酸概念、结构和命名。
2. 羧酸的化学性质。
3. 重要羧酸的结构、名称及应用。
4. 羟基酸和酮酸的概念和命名。
5. 常见羟基酸和酮酸的结构、名称及应用。

羧酸和取代羧酸属于烃的含氧衍生物，通常以游离态、羧酸盐和酯的形式广泛存在于自然界，是一类与人们生活密切相关的化合物。

第1节 羧　酸

一、羧酸的结构、分类和命名

（一）结构

羧酸的官能团是羧基，结构式为 $-\overset{\overset{\large O}{\parallel}}{C}-OH$，结构简式为—COOH。

烃分子中的氢原子被羧基取代形成的化合物称为羧酸（甲酸除外）。羧酸的结构通式为 $R-\overset{\overset{\large O}{\parallel}}{C}-OH$，简式为 R—COOH，式中的 R 可以是氢原子、脂肪烃基或芳香烃基。例如，

$H-\overset{\overset{\large O}{\parallel}}{C}-OH(HCOOH)$

甲酸

CH_3COOH

乙酸

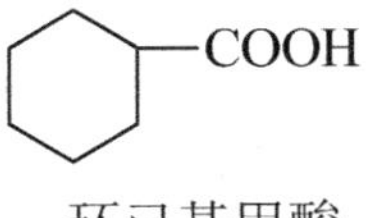

环已基甲酸

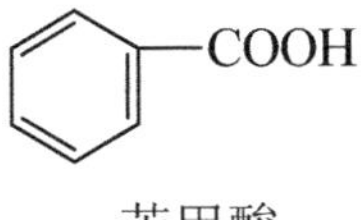

苯甲酸

（二）分类

1. 按照分子中烃基的不同，羧酸分为脂肪酸和芳香酸；脂肪酸根据脂肪烃基的不同又分为饱和脂肪酸和不饱和脂肪酸。

2. 按照分子中羧基的数目，羧酸分为一元羧酸、二元羧酸和多元羧酸（表 9-1）。

表 9-1 羧酸的分类

	脂肪酸		芳香酸
	饱和脂肪酸	不饱和脂肪酸	
一元羧酸	CH_3COOH	$H_2C{=}CH{-}COOH$	
二元羧酸	COOH COOH	CH—COOH CH—COOH	

（三）羧酸的命名

1. 饱和一元脂肪酸的系统命名法

（1）选主链：选择包括羧基碳原子在内的最长碳链为主链，把支链当作取代基。

（2）编号：从羧基碳原子开始，用阿拉伯数字将主链碳原子顺次编号，确定取代基的位次。

（3）定名称：根据主链碳原子数目称为"某酸"，把取代基的位次、数目和名称分别写在酸名之前。羧基碳原子总是在 1 号位，通常不需写出羧基的位次。例如，

$$^3CH_3{-}^2_\alpha CH{-}^1COOH$$
$$\underset{CH_3}{|}$$
2-甲基丙酸
(α-甲基丙酸)

$$HOO^1C{-}^2_\alpha CH{-}CH_3$$
$$\underset{^3_\beta CH_2}{|}$$
$$\underset{^4_\gamma CH_3}{|}$$
2-甲基丁酸
(α-甲基丁酸)

$$CH_3{-}^3_\beta CH{-}^2_\alpha CH{-}^1COOH$$
$$\underset{^4_\gamma CH_2}{|}\quad\underset{CH_3}{|}$$
$$\underset{^5_\delta CH_3}{|}$$
2,3-二甲基戊酸
(α,β-二甲基戊酸)

羧酸的碳链既可用阿拉伯数字编号，也可用希腊字母编号。如果用希腊字母编号，与羧基直接相连的第一个碳原子编号为 α 碳，其余碳原子依次编号为 β、γ、δ、ε、……。

2. 不饱和脂肪酸的命名

选择含有羧基和碳碳双键在内的最长碳链为主链，根据主链碳原子数称为"某烯酸"，将碳碳双键的位次写在"某烯酸"之前；当主链碳原子数大于 10 个时，主链名称为"某碳烯酸"。例如，

$CH_3{-}CH{=}CH{-}COOH$　2-丁烯酸　　$CH_3{-}CH{=}CH{-}CH_2{-}COOH$　3-戊烯酸

$CH_3{-}(CH_2)_7{-}CH{=}CH{-}(CH_2)_7{-}COOH$　9-十八碳烯酸

3. 芳香酸的命名

以脂肪酸为母体，将芳环作为取代基，其名称写在脂肪酸名称之前。例如，

苯甲酸

苯乙酸

邻苯二甲酸

2-苯基丁酸

4. 饱和二元脂肪酸的命名

选择分子中含有两个羧基的最长碳链作为主链，称为"某二酸"。例如，

$$
\begin{array}{cc}
\text{COOH} & \text{CH}_2\text{—COOH} \\
| & | \\
\text{COOH} & \text{CH}_2\text{—COOH} \\
\text{乙二酸} & \text{丁二酸} \\
\text{（草酸）} & \text{（琥珀酸）}
\end{array}
$$

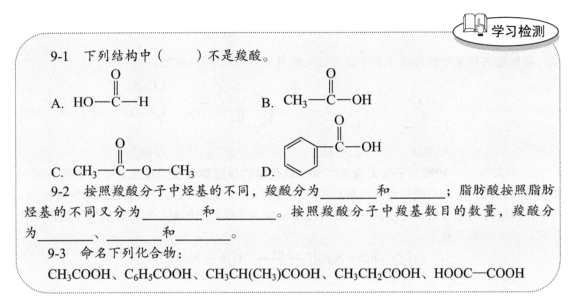

📖 学习检测

9-1　下列结构中（　　）不是羧酸。

A. HO—C—H （上为 O 双键）　　　　B. CH₃—C—OH （上为 O 双键）

C. CH₃—C—O—CH₃ （上为 O 双键）　　D. C₆H₅—C—OH （上为 O 双键）

9-2　按照羧酸分子中烃基的不同，羧酸分为_____和_____；脂肪酸按照脂肪烃基的不同又分为_____和_____。按照羧酸分子中羧基数目的数量，羧酸分为_____、_____和_____。

9-3　命名下列化合物：

CH_3COOH、C_6H_5COOH、$CH_3CH(CH_3)COOH$、CH_3CH_2COOH、$HOOC—COOH$

二、羧酸的性质

（一）羧酸的物理性质

常温下，饱和一元羧酸中甲酸、乙酸和丙酸是具有强烈刺激性气味的无色液体，含有 4～9 个碳原子的羧酸是具有腐败气味的油状液体，含 10 个碳原子以上的羧酸是蜡状固体。二元羧酸和芳香酸都是晶体。低级脂肪酸能与水以任意比互溶，随相对分子质量的增大溶解度逐渐减小，芳香酸难溶于水。羧酸的熔点、沸点随相对分子质量的增大而升高。

（二）羧酸的化学性质

羧酸的化学性质主要取决于官能团羧基。在羧基中，由于羰基和羟基相互影响，使羧酸表现出不同于醛、酮，又不同于醇、酚的特殊性质。

1. 弱酸性　在羧酸分子中，羧基中羟基上的氢原子因受羰基影响比较活泼，在水溶液中能部分电离出氢离子，从而具有弱酸性。

羧酸都是弱酸，具有酸的一般通性，如羧酸能使蓝色石蕊试纸变红，羧酸和碱反应生成羧酸盐和水等。

$$CH_3COOH + NaOH \longrightarrow CH_3COONa + H_2O$$

2. 酯化反应　**酸与醇作用生成酯和水的反应称为酯化反应，又称成酯反应。**醇与羧酸生成的酯，称羧酸酯，简称酯。

羧酸羧基中的羟基与醇羟基中的氢原子之间脱水而生成酯。

$$R-\overset{\overset{\displaystyle O}{\|}}{C}-\underset{\text{羧酸}}{\overline{OH+H}}-\underset{\text{醇}}{OR'} \xrightarrow[\triangle]{浓H_2SO_4} R-\overset{\overset{\displaystyle O}{\|}}{C}-\underset{\text{酯}}{O-R'} + \underset{\text{水}}{H_2O}$$

酯化反应是可逆反应，其逆反应是酯的水解反应。例如，

$$\underset{\text{乙酸}}{CH_3-\overset{\overset{\displaystyle O}{\|}}{C}-OH} + \underset{\text{乙醇}}{H-O-CH_2-CH_3} \xrightarrow[\triangle]{浓H_2SO_4} \underset{\text{乙酸乙酯}}{CH_3-\overset{\overset{\displaystyle O}{\|}}{C}-O-CH_2-CH_3} + H_2O$$

羧酸脱去羧基中的羟基，余下部分称为酰基（$R-\overset{\overset{\displaystyle O}{\|}}{C}-$）。例如，

$$\underset{\text{甲酰基}}{H-\overset{\overset{\displaystyle O}{\|}}{C}-} \qquad \underset{\text{乙酰基}}{CH_3-\overset{\overset{\displaystyle O}{\|}}{C}-} \qquad \underset{\text{苯甲酰基}}{\bigcirc\!-\overset{\overset{\displaystyle O}{\|}}{C}-} \qquad \underset{\text{草酰基}}{\overset{\displaystyle COOH}{\underset{\displaystyle C=O}{|}}}$$

3. 脱羧反应 **羧酸分子失去羧基生成二氧化碳的反应称为脱羧反应。** 不同羧酸脱羧的难易程度不同，一元羧酸的羧基比较稳定，不易脱去，但在特殊条件下也可发生脱羧反应。例如，羧酸的钠盐与强碱共热脱羧，生成比原来少一个碳原子的烃。实验室制取甲烷常用此反应。多元羧酸易脱羧。

$$CH_3COONa + NaOH \xrightarrow[\triangle]{CaO} CH_4\uparrow + Na_2CO_3$$

$$\overset{\displaystyle COOH}{\underset{\displaystyle COOH}{|}} \xrightarrow[\triangle]{>150℃} HCOOH + CO_2\uparrow$$

脱羧反应是生物体内重要的生物化学反应，物质代谢生成 CO_2 的反应是羧酸在脱羧酶作用下的结果。

三、常见的羧酸

（一）甲酸

甲酸（HCOOH）俗称蚁酸，是碳原子数最少的羧酸。甲酸存在于蚁类、蜂类等昆虫的分泌物中，同时也存在于某些植物中。甲酸的腐蚀性很强，使用时要避免与皮肤接触。人被蚁类或蜂类蜇伤后，皮肤会红肿和疼痛，是蚁类或蜂类分泌物甲酸引起的，可用弱碱性的稀氨水或肥皂水中和涂敷止痛。1.25%的甲酸溶液是治疗风湿病的外用药。

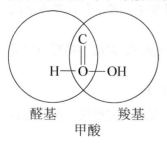

甲酸

甲酸的结构很特殊，在其分子中相当于既有羧基又有醛基。特殊的结构决定了甲酸的性质与其他羧酸不同，甲酸不仅具有酸性而且还有还原性。甲酸的酸性能使蓝色石蕊试纸变红，甲酸的还原性能发生银镜反应和费林反应，由此可以鉴别甲酸。

（二）乙酸

乙酸（CH_3COOH）俗称醋酸，是食醋的主要成分，食醋中含 3%～5%的乙酸。纯净的乙酸是具有强烈刺激性气味的无色

液体，可与水混溶，沸点为 118℃，熔点为 16.7℃，纯乙酸在熔点以下凝结成冰状固体，因此又称冰乙酸或冰醋酸。

乙酸是重要的化工原料，也是常用的有机试剂，一般市售乙酸的质量分数约为 36%。在医药上乙酸能抗真菌和细菌，常用作消毒防腐剂。例如，临床上用 30% 的溶液外涂可治疗甲癣、鸡眼，0.5%～2% 的溶液用于洗涤烫伤、灼伤创面洗涤，0.1%～0.5% 的乙酸溶液治疗阴道滴虫病等。此外，按每平方米空间用 2mL 食醋熏蒸房间，可预防流感。

（三）乙二酸

乙二酸（HOOC—COOH）俗名草酸，分子式为 $H_2C_2O_4$。乙二酸常以钾盐形式存在于许多植物的细胞壁中，人的尿液中有草酸钙或草酸脲，在肾或膀胱析出便形成结石。草酸是无色晶体，能溶于水和乙醇，不溶于乙醚等有机溶剂。草酸加热到温度超过 150℃ 时会发生脱羧反应。草酸的酸性比一元羧酸和其他二元羧酸的酸性都强。草酸是常用的还原剂，易被高锰酸钾等氧化剂氧化。

（四）苯甲酸

苯甲酸（ ⟨苯环⟩—COOH ）是最简单的芳香酸，因存在于安息香树胶中，俗名为安息香

酸，苯甲酸是无色有丝光的鳞片状或针状结晶，熔点 122.4℃，受热易升华，易溶于热水、乙醇和乙醚中。苯甲酸及其钠盐常用作食品、药品和日常用品的防腐剂。

📖 学习检测

9-4　写出在浓 H_2SO_4 作用下，乙酸与甲醇的酯化反应。

9-5　甲酸俗称_____，乙酸俗称_____，乙二酸俗称_____。

9-6　写出在加热条件下，草酸的脱羧反应。

9-7　用化学方法区别甲酸与乙酸。

知识链接

塑 化 剂

塑化剂又称可塑剂、增塑剂，种类达 100 多种，但使用最普遍的是"邻苯二甲酸酯类"（DEHP）的化合物。邻苯二甲酸酯类酯化剂被归类为似环境激素，其生物毒性主要属于雌激素与抗雄激素活性，会造成内分泌失调，危害生物体生殖功能，包括生殖率降低、流产、天生缺陷、异常的精子数增多、高睾损害，还会引发恶性肿瘤、造成畸形儿。因此不能添加在食品和药品中。

第 2 节　取 代 羧 酸

一、取代羧酸的结构和命名

羧酸分子内烃基中的氢原子被其他原子或原子团取代所形成的化合物称为**取代羧酸**。取代羧酸除含有羧基外，还具有其他官能团，因此又称为具有复合官能团的羧酸。取代羧酸根据取代基的种类不同分为羟基酸、酮酸等。

（一）结构

分子中除羧基外还含有羟基的取代羧酸称为**羟基酸**。分子中除羧基外还含有酮基的取代羧酸称为酮基酸，简称**酮酸**。

（二）命名

羟基酸和酮酸系统命名法是以羧酸为母体，把羟基或酮基当作取代基，用希腊字母或阿拉伯数字标明羟基或酮基的位次；羟基酸称羟基某酸，酮酸称某酮酸。"某"是指主链碳原子数。例如，

$$CH_3 - \underset{\underset{OH}{|}}{CH} - COOH$$

α-羟基丙酸
（乳酸）

$$CH_3 - \underset{\underset{OH}{|}}{CH} - CH_2 - COOH$$

β-羟基丁酸
（β-羟丁酸）

邻-羟基苯甲酸
（水杨酸）

$$HOOC - CH_2 - \underset{\underset{OH}{|}}{CH} - COOH$$

α-羟基丁二酸
（苹果酸）

$$CH_3 - \overset{\overset{O}{\|}}{C} - COOH$$

丙酮酸

$$CH_2 - \overset{\overset{O}{\|}}{C} - CH_2 - COOH$$

β-丁酮酸
（乙酰乙酸）

羟基酸和酮酸的名称也常根据来源采用俗名。

二、常见的羟基酸和酮酸

（一）乳酸

乳酸 $(CH_3 - \underset{\underset{OH}{|}}{CH} - COOH)$ 化学名称 α-羟基丙酸或2-羟基丙酸，因最早在酸牛奶中发现，因此俗称乳酸。一般乳酸为无色或淡黄色黏稠液体，熔点为 18℃，无臭，有酸味。乳酸存在于人体内，是人体糖代谢的中间产物。人在剧烈运动时，肌肉中乳酸含量增加刺激肌肉组织，人会感到肌肉酸胀。经过一段时间休息后，乳酸会被转化，酸痛感消失。

在催化剂酶的作用下，乳酸在体内可脱氢氧化生成丙酮酸。

$$CH_3 - \underset{\underset{OH}{|}}{CH} - COOH \underset{+2H}{\overset{-2H}{\rightleftharpoons}} CH_3 - \overset{\overset{O}{\|}}{C} - COOH$$

乳酸可被用于消毒灭菌，加热蒸发乳酸溶液熏蒸房间，能起到杀菌消毒的作用。在临床上常用弱碱性的乳酸钠纠正酸中毒，乳酸钙用于治疗缺钙引起的疾病。

（二）水杨酸

水杨酸（邻-羟基苯甲酸结构式）化学名称为2-羟基苯甲酸或邻-羟基苯甲酸，又名柳酸，存在于水杨树、柳树和其他植物中。水杨酸为白色针状结晶，熔点159℃，微溶于水、易溶于乙

醚。水杨酸有酚羟基，具有酚和羧酸的性质，能与三氯化铁溶液反应呈紫色，水杨酸与乙酐作用生成乙酰水杨酸。

乙酰水杨酸俗名阿司匹林，为白色针状结晶，熔点为 143℃，临床上用于内服药，具有解热、镇痛、抗风湿的作用。由阿司匹林、非那西汀和咖啡因三种配伍制成的片剂为复方阿司匹林，简称 APC，是使用频率很高的解热镇痛药。阿司匹林具有抑制血小板聚集，降低血液黏稠度，防止血栓形成的作用，50 岁以上成人每日服低剂量的肠溶阿司匹林，对防治心脑血管疾病有一定作用。

（三）酒石酸

酒石酸 (HOOC—CH—CH—COOH) 化学名称为 2,3-二羟基丁二酸，主要以酸式钾盐

$\qquad\qquad\;\;$OH$\quad$OH

的形式存在于葡萄等的果实中。酒石酸钾盐难溶于水和乙醇，在用葡萄酿酒时析出，因此俗称酒石。与无机酸作用，得酒石酸；它在各种果汁中均有，葡萄中含量尤为丰富。酒石酸是无色晶体，熔点为 170℃，易溶于水。酒石酸锑钾俗称吐酒石，临床上用作催吐剂及治疗血吸虫病。酒石酸钾可用作泄药，在实验室里也用来配制费林试剂。

（四）丙酮酸

丙酮酸 (CH₃—C̈—COOH) 为无色有刺激性气味液体，沸点 165℃，可与水混溶，酸性比乳酸强。丙酮酸是人体内糖、脂肪和蛋白质代谢的中间产物，在体内酶作用下，易脱羧氧化成乙酸，也可被还原成乳酸。

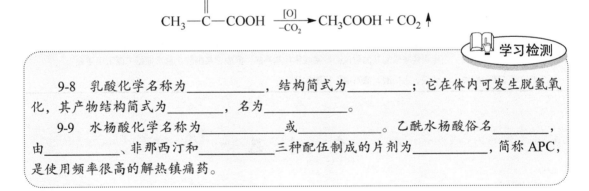

$$CH_3-\overset{O}{\underset{\|}{C}}-COOH \xrightarrow[-CO_2]{[O]} CH_3COOH + CO_2\uparrow$$

📖 学习检测

9-8　乳酸化学名称为_____，结构简式为_____；它在体内可发生脱氢氧化，其产物结构简式为_____，名为_____。

9-9　水杨酸化学名称为_____或_____。乙酰水杨酸俗名_____，由_____、非那西汀和_____三种配伍制成的片剂为_____，简称 APC，是使用频率很高的解热镇痛药。

知识链接

阿司匹林在医药中的应用

阿司匹林是乙酰水杨酸，早在公元前 15 世纪就有记载，人们通过咀嚼柳树皮可以减轻疼痛。1860 年 Koble 首次合成水杨酸。1875 年以水杨酸钠的形式作为解热镇痛和抗风湿药在临床上得到应用，为了克服水杨酸钠严重的胃肠道不良反应，1898 年德国化学家霍夫曼合成了毒性较小的乙酰水杨酸，它的解热镇痛作用比水杨酸钠强，而不良反应较小，从此作为一种优良的解热镇痛和抗风湿药物在临床上得到广泛应用。近年来，阿司匹林常用于治疗和预防心脑血管疾病，是百年经典老药的例子。

本章知识点总结

一、羧　酸

知识点	知识内容
羧酸的概念	烃分子中的氢原子被羧基取代形成的化合物称为羧酸（甲酸例外）
羧酸的结构	通式 R—$\overset{\overset{O}{\|\|}}{C}$—OH　　简式为 R—COOH
羧酸的分类	（1）按照分子中烃基的不同，羧酸分为脂肪酸和芳香酸；脂肪酸根据脂肪烃基的不同又分为饱和脂肪酸和不饱和脂肪酸。 （2）按照分子中羧基的数目，羧酸分为一元羧酸、二元羧酸和多元羧酸
羧酸的命名	（1）饱和一元脂肪酸的系统命名法：①选主链；②编号；③定名称。 （2）不饱和脂肪酸的命名：选择含有羧基和碳碳双键在内的最长碳链为主链，根据主链碳原子数称为"某烯酸"，将碳碳双键的位次写在"某烯酸"之前；当主链碳原子数大于 10 个时，主链名称为"某碳烯酸"。 （3）芳香酸的命名：以脂肪酸为母体，将芳环作为取代基，其名称写在脂肪酸名称之前
羧酸的性质	①弱酸性；②酯化反应；③脱羧反应
常见的羧酸	甲酸、乙酸、乙二酸、苯甲酸

二、取 代 羧 酸

知识点	知识内容
取代羧酸的概念	羧酸分子内烃基中的氢原子被其他原子或原子团取代所形成的化合物称为取代羧酸
羟基酸的概念	分子中除羧基外还含有羟基的取代羧酸称为羟基酸
酮酸的概念	分子中除羧基外还含有酮基的取代羧酸称为酮基酸，简称酮酸
取代羧酸的命名	羟基酸和酮酸系统命名法是以羧酸为母体，把羟基或酮基当作取代基，用希腊字母或阿拉伯数字标明羟基或酮基的位次；羟基酸称羟基某酸，酮酸称某酮酸。也常根据来源采用俗名
常见的羟基酸和酮酸	乳酸、水杨酸、酒石酸、丙酮酸

自 测 题

一、名词解释

1. 羧酸　2. 羟基酸　3. 酮酸　4. 酯化反应
5. 脱羧反应

二、填空题

1. 羧酸都是_____，具有酸的一般通性，如羧酸能使蓝色石蕊_____，羧酸和碱反应生成_____等。

2. 发生酯化反应时，羧酸羧基中的_____与醇羟基中的_____之间脱水而生成酯，酯化反应是_____，其逆反应是酯的_____。

3. 水杨酸化学名称为_____，由于分子中含有_____基，因此遇三氯化铁溶液呈现_____色。乙酰水杨酸俗名为_____，它是常用的_____药。

4. 甲酸俗名为_____，其分子结构比较特殊，分子中既有___基，又有___基，是双官能团化合物。因此甲酸不仅有酸性，而且有___性，能与_____发生银镜反应，能与_____反应产生砖红色沉淀，还能使高锰酸钾溶液_____。

5. 羧酸分子中烃基上的_____原子被其他原子或

_____取代后生成的化合物称为取代酸，重要的取代羧酸包括_____、_____、_____和_____等。

6. α-羟基丙酸俗称_____，在体内酶催化下，能脱氢生成_____。

三、选择题

1. 被蜜蜂叮咬后皮肤红肿，是因为其分泌物中含有（　　）。
   A. 甲酚　　B. 甲醇　　C. 甲酸　　D. 甲醛

2. 能与乙醇发生酯化反应的物质是（　　）。
   A. 乙酸　　B. 乙醛　　C. 丙酮　　D. 乙烷

3. 下列物质对人体毒害相对较小的是（　　）。
   A. 甲酸　　B. 苯酚　　C. 甲醛　　D. 乙醇

4. 邻羟基苯甲酸的俗名是（　　）。
   A. 水杨酸　　　　　B. 石炭酸
   C. 阿司匹林　　　　D. 福尔马林

5. 下列物质中，既能发生酯化反应，又能发生银镜反应的是（　　）。
   A. 乙酸　　B. 甲酸　　C. 乙醇　　D. 乙醛

6. 下列各组物质，互为同分异构体的是（　　）。
   A. 甲醛与乙醛　　　B. 甲酸甲酯与乙酸
   C. 乙醇与乙醚　　　D. 苯与环己烷

7. 在酸性条件下，不能使高锰酸钾溶液褪色的是（　　）。
   A. 乙醇　　B. 草酸　　C. 乙酸　　D. 蚁酸

8. 下列物质中，沸点最高的是（　　）。
   A. 乙醚　　B. 乙烷　　C. 乙醇　　D. 乙酸

9. 临床上检验尿中丙酮所用试剂是（　　）。
   A. 亚硝酰铁氰化钠溶液和氢氧化钠溶液
   B. 费林试剂
   C. 三氯化铁溶液
   D. 希夫试剂

10. 下列羧酸属于二元羧酸的是（　　）。
    A. 乳酸　　　　　　B. 乙酰乙酸
    C. 水杨酸　　　　　D. 草酸

四、用化学方法鉴别下列各组物质

1. 甲酸和乙酸　　2. 苯甲酸和水杨酸
3. 乙酸和苯酚

（舒　雷）

第10章

酯 和 油 脂

📖**学习重点**

1. 酯的结构、命名和性质。
2. 油脂的组成、结构和性质。

酯是一种重要的羧酸衍生物，广泛存在于自然界中，许多水果和花草的香味都来源于酯。油脂广泛存在于动植物体中，是人类的主要营养物质之一，也是一种重要的工业原料。

第1节 酯

酯是酸和醇脱水反应的产物。由无机酸和醇反应生成的酯，称为无机酸酯；**由有机酸和醇反应生成的酯，称为有机酸酯，简称酯。**

一、酯的结构和命名

酯的结构通式为 $R{-}\overset{O}{\underset{\|}{C}}{-}O{-}R'$，简写式为 $R{-}COOR'$，其中 $-\overset{O}{\underset{\|}{C}}{-}O{-}$ 称为酯键，是酯的官能团。

酯是根据组成酯的羧酸和醇进行命名，羧酸名称在前，醇的名称在后，将后面的"醇"字改为"酯"字，称为"某酸某酯"。例如，

$$\underbrace{CH_3{-}\overset{O}{\underset{\|}{C}}{-}O{-}}_{乙酸}\underbrace{CH_3}_{甲酯} \qquad \underbrace{CH_3{-}CH_2{-}\overset{O}{\underset{\|}{C}}{-}O{-}}_{丙酸}\underbrace{CH_2{-}CH_3}_{乙酯}$$

二、酯 的 性 质

低级酯是有怡人香味的液体，存在于各种水果和花草中。苹果香味源自乙酸乙酯，梨香味源自乙酸丁酯，橘香味源自乙酸辛酯，波萝香味源自乙酸甲酯，茉莉香味源自苯甲酸甲酯。高级酯是蜡状固体，无水果香味。酯的密度一般小于水，并难溶于水，易溶于乙醇和乙醚等有机溶剂。酯可用作溶剂，也可用作制备饮料和糖果的香料。

酯是中性化合物，主要化学性质是水解反应。酯的水解反应速率慢，反应不完全，可以加入少量酸或碱作催化剂，加快酯的水解速率。酯的水解反应与酯化反应互为逆反应。例如，

$$CH_3{-}\overset{O}{\underset{\|}{C}}{-}O{-}CH_2CH_3 + H_2O \underset{酯化}{\overset{水解}{\rightleftharpoons}} CH_3{-}\overset{O}{\underset{\|}{C}}{-}OH + HO{-}CH_2{-}CH_3$$

10-1　命名
1. $CH_3COOC_2H_5$　2. $C_6H_5COOCH_3$
10-2　写出下列酯的结构简式
1. 甲酸乙酯　2. 苯甲酸乙酯
10-3　酯类水解反应的产物是_____。
10-4　低级酯为什么可用作制备饮料和糖果的香料？高级酯为什么不能作香料？

第 2 节　油　脂

油脂是油和脂肪的总称。 在室温下，通常呈液态的油脂简称为油，如花生油、芝麻油、豆油、菜籽油等植物油脂；通常呈固态的油脂称为脂肪，如牛脂、羊脂等动物油脂。油脂是由高级脂肪酸与甘油（学名丙三醇）所生成的酯，所以油脂属于酯类。

一、油脂的组成和结构

自然界中的油脂是多种物质的混合物，其主要成分是一分子的甘油与三分子的高级脂肪酸脱水形成的酯，称为甘油三酯，医学上称三酰甘油。油脂的结构表示如下：

$$
\begin{array}{l}
CH_2-O-\overset{\displaystyle O}{\overset{\|}{C}}-R_1 \\[4pt]
CH\ -O-\overset{\displaystyle O}{\overset{\|}{C}}-R_2 \\[4pt]
CH_2-O-\overset{\displaystyle O}{\overset{\|}{C}}-R_3
\end{array}
$$

结构式里 R_1、R_2、R_3 代表脂肪酸的烃基，它们可能相同，也可能不同。R_1、R_2、R_3 相同的油脂称为单甘油酯；R_1、R_2、R_3 不相同的油酯称为混甘油酯。天然油脂大多为混甘油酯。人体血液中甘油三酯的正常值在 $0.56\sim1.70$mmol/L。甘油三酯长期偏高会加速血管的硬化速度，促进全身动脉粥样硬化，同时诱发高血压、心肌梗死、冠心病、脑卒中等恶性疾病。

组成油脂的脂肪酸的种类较多，大多数是含偶数碳原子的直链高级脂肪酸，其中以含十六和十八个碳原子的高级脂肪酸最为常见，有饱和的高级脂肪酸，也有不饱和的高级脂肪酸。

高级脂肪酸的饱和程度，对其所组成的油脂的熔点影响较大。常温下呈液态的植物油中含不饱和高级脂肪酸较多，常温下呈固态的动物脂肪中含饱和高级脂肪酸较多。常见油脂中含有的重要高级脂肪酸见表 10-1。

表 10-1　常见油脂中含有的重要高级脂肪酸

类别	名称	系统命名	结构简式
饱和脂肪酸	软脂酸	十六碳酸	$C_{15}H_{31}COOH$
	硬脂酸	十八碳酸	$C_{17}H_{35}COOH$
不饱和脂肪酸	油酸	9-十八碳烯酸	$CH_3(CH_2)_7CH=CH(CH_2)_7COOH$
	亚油酸	9, 12-十八碳二烯酸	$CH_3(CH_2)_4(CH=CHCH_2)_2(CH_2)_6COOH$
	亚麻酸	9, 12, 15-十八碳三烯酸	$CH_3(CH_2CH=CH)_3(CH_2)_7COOH$

续表

类别	名称	系统命名	结构简式
不饱和脂肪酸	花生四烯酸	5, 8, 11, 14-二十碳四烯酸	$CH_3(CH_2)_4(CH = CHCH_2)_4(CH_2)_2COOH$
	EPA	二十碳五烯酸	$CH_3CH_2(CH = CHCH_2)_5(CH_2)_2COOH$
	DHA	二十二碳六烯酸	$CH_3CH_2(CH = CHCH_2)_6CH_2COOH$

知识链接

营养必需脂肪酸

油脂是人体的营养成分之一，多数脂肪酸可在人体内合成，只有亚油酸、α-亚麻酸等含双键较多的不饱和脂肪酸，在人体中不能合成，但又是必不可少的营养物质，必须从食物中摄取，因此称为必需脂肪酸。富含亚油酸和亚麻酸的食物主要有大豆油、棉籽油、鱼油，以及芝麻油和坚果等。花生四烯酸、EPA 和 DHA 也是人体不可缺少的脂肪酸，但是它们可以由膳食亚油酸和 α-亚麻酸在人体内合成。

二、油脂的性质

（一）物理性质

纯净的油脂是无色、无味、无臭的，但常因溶有维生素和色素而显不同的颜色和气味。天然油脂是混合物，而且没有固定的熔点和沸点。油脂密度小于水的密度，难溶于水，易溶于汽油、乙醚、氯仿等有机溶剂。

（二）化学性质

1. 水解反应

在酸、碱或酶等催化剂的作用下，油脂均可发生水解反应。1 分子油脂完全水解的产物是 1 分子甘油和 3 分子高级脂肪酸。

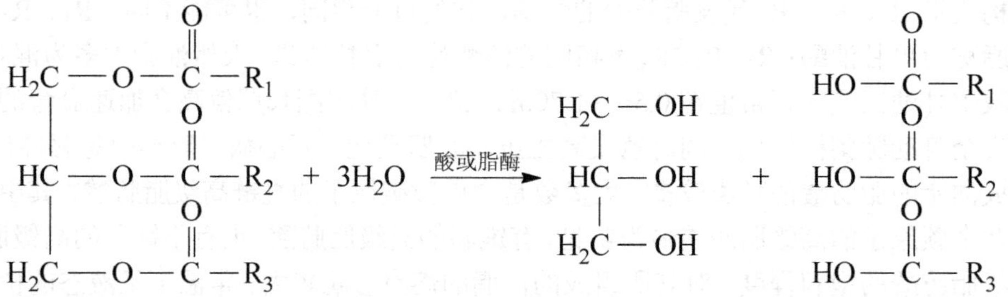

油脂在碱性溶液中水解，生成甘油和高级脂肪酸盐，高级脂肪酸盐被称为肥皂，所以将油脂在碱性溶液中发生的水解反应称为皂化反应。

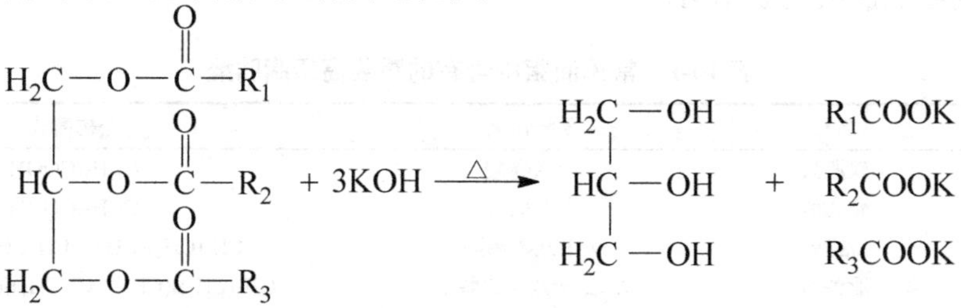

油脂在不完全水解时，生成脂肪酸、甘油二酯和甘油一酯。

脂肪水解后生成的甘油、脂肪酸、甘油一酯和甘油二酯在体内均可被吸收利用。

知识链接

钠肥皂和钾肥皂

由高级脂肪酸钠盐组成的肥皂，称为"钠肥皂"，这是常用的普通肥皂。由高级脂肪酸钾盐组成的肥皂，称为"钾肥皂"，它就是医药上常用的软皂。由于软皂对人体皮肤、黏膜刺激性小，医药上常用作灌肠剂或乳化剂。

2. 油脂的氢化

液态油在催化剂存在并加热、加压的条件下，可以与氢气发生加成反应，提高油脂的饱和度，生成固态油脂。

$$\begin{array}{l} CH_2-O-CO-C_{17}H_{33} \\ | \\ CH-O-CO-C_{17}H_{33} \\ | \\ CH_2-O-CO-C_{17}H_{33} \end{array} + 3H_2 \xrightarrow[250℃]{Ni} \begin{array}{l} CH_2-O-CO-C_{17}H_{35} \\ | \\ CH-O-CO-C_{15}H_{35} \\ | \\ CH_2-O-CO-C_{17}H_{35} \end{array}$$

三油酸甘油酯（液态）　　　　　　　　三硬脂酸甘油酯（固态）

此反应称为油脂的氢化，又称油脂的硬化。氢化后的油脂称为硬化油。硬化油性质稳定、不易变质、便于运输，可用作生产肥皂、脂肪酸、甘油、人造奶油等的原料。

3. 酸败

天然油脂在空气中放置过久，就会变质，产生难闻的气味，这个过程称为酸败。酸败的主要原因是空气中的氧、水分或微生物的作用，使油脂中的不饱和脂肪酸的双键部分被氧化成过氧化物，此过氧化物继续氧化或分解产生有臭味的低级醛、酮和羧酸等化合物。

酸败的油脂不能食用。为防止油脂的酸败，必须将油脂保存在低温、避光的密闭容器中。

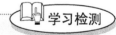 学习检测

10-5　根据所学知识，你认为应该如何保存油脂而避免其酸败？

10-6　什么是皂化反应？

知识链接

油脂的乳化

油脂难溶于水，密度比水小。若将水和油混合后用力振荡，油脂以小油滴分散于水中形成不稳定的乳浊液，放置后，小油滴互相碰撞聚集成大油滴，很快浮于水面分成油和水两层。要得到比较稳定的乳浊液，必须加入适量的乳化剂，如洗涤剂、肥皂和胆汁酸盐等。乳化剂之所以能使乳浊液稳定，是因为乳化剂分子中含有亲水基和亲油基两部分。如肥皂中的亲油基是烃基—R，亲水基部分是—COONa。在溶液中，乳化剂的亲水基伸向水中，亲油基伸向油中，使油滴的表面形成一层乳化剂分子的保护膜，防止了小油滴相互碰撞而合并，从而形成比较稳定的乳浊液。这种利用乳化剂使油脂形成比较稳定的乳浊液的作用，称为油脂的乳化。

本章知识点总结

一、酯

知识点	知识内容
酯的概念	酯是酸和醇脱水反应的产物
酯的结构	酯的结构通式为$R—\overset{O}{\underset{}{C}}—O—R'$，其中$—\overset{O}{\underset{}{C}}—O—$称为酯键，是酯的官能团
酯的命名	酯是根据组成酯的羧酸和醇来进行命名，称为"某酸某酯"
酯的化学性质	水解反应

二、油　脂

知识点	知识内容
油脂的概念	油脂是油和脂肪的总称
油脂的组成	甘油与高级脂肪酸脱水形成的酯
油脂的结构	油脂的结构通式： 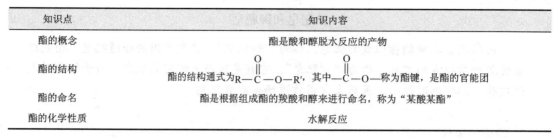
油脂的化学性质	水解反应、氢化反应、酸败

自　测　题

一、名词解释

1. 酯　2. 皂化反应　3. 必需脂肪酸　4. 硬化油

二、填空题

1. 油脂是_____和_____的总称。从化学结构来看，油脂是由 1 分子的_____和 3 分子的_____形成的酯。一般地，在室温下____为____态的称为油，在室温下为____态的称为_____。

2. 酯的结构通式为_____，油脂的结构通式为_____。

3. 乙酸乙酯的结构简式为_____，

$$\overset{O}{\underset{}{C}}—O—CH_3$$

（苯环结构）的化学名称为_____。

4. 人体血液中甘油三酯的正常值为_____。

三、选择题

1. 乙酸和甲醇酯化反应的产物是（　　）。

　　A. 甲酸甲酯　　　　B. 甲酸乙酯

　　C. 乙酸甲酯　　　　D. 乙酸乙酯

2. 酯类水解反应的产物是（　　）。

　　A. 羧酸和醛　　　　B. 羧酸和醚

　　C. 羧酸和酮　　　　D. 羧酸和醇

3. 1mol 油脂完全水解后能生成（　　）。

　　A. 1mol 甘油和 1mol 甘油二酯

　　B. 3mol 甘油和 1mol 脂肪酸

　　C. 1mol 甘油和 1mol 脂肪酸

　　D. 1mol 甘油和 3mol 脂肪酸

4. 既能发生皂化反应，又能发生氢化反应的物质是

　　（　　）。

　　A. 乙酸乙酯　　　　　B. 甘油三软脂酸酯

　　C. 硬脂酸　　　　　　D. 甘油三油酸酯

5. 人体内不能合成，必须由食物供给的脂肪酸是

　　（　　）。

　　A. 油酸　　B. 亚油酸　C. 软脂酸　D. 丙酸

四、简答题

1. 脂肪与油有什么区别？如何将植物油转变为脂肪？

2. 为什么油脂要在阴凉、干燥等情况下保存？说明油脂容易酸败的原因。

五、命名下列化合物

1. $CH_3COOCH_2CH_2CH_3$　　2. $C_6H_5COOCH_2C_6H_5$

3. $CH_3CH_2COOCH_2CH_3$　　4. $C_{17}H_{33}COOCH_3$

5.

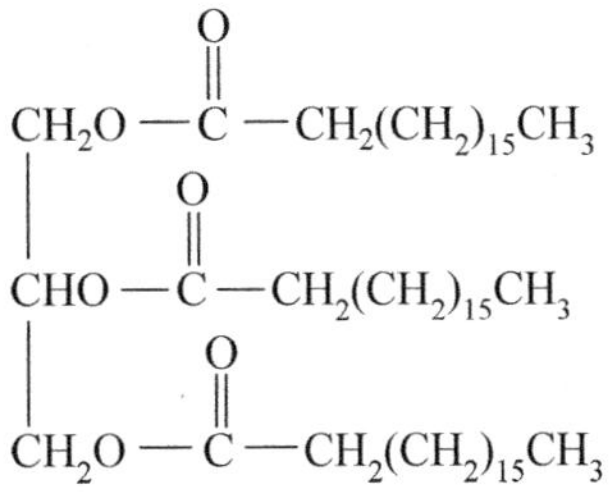

$$
\begin{array}{l}
CH_2O-\overset{\overset{\displaystyle O}{\|}}{C}-CH_2(CH_2)_{15}CH_3 \\[4pt]
CHO-\overset{\overset{\displaystyle O}{\|}}{C}-CH_2(CH_2)_{15}CH_3 \\[4pt]
CH_2O-\overset{\overset{\displaystyle O}{\|}}{C}-CH_2(CH_2)_{15}CH_3
\end{array}
$$

（张春梅）

第11章

糖　类

📖学习重点

1. 糖类化合物的概念和分类。
2. 单糖开链结构和构型、环状结构和 Haworth 式。
3. 单糖的构象及物理性质和化学性质。
4. 双糖的组成、结构、性质。
5. 多糖的组成和结构。

　　糖类是自然界中广泛分布的一类重要的有机化合物。日常食用的蔗糖、粮食中的淀粉、植物体中的纤维素、人体血液中的葡萄糖等均属糖类。糖类在生命活动过程中起着重要的作用，是一切生命体维持生命活动所需能量的主要来源。从低等微生物到高等生物的机体中，均在时刻发生着一系列的糖代谢反应。

　　从分子结构上看，**糖类是多羟基醛或多羟基酮及其脱水缩合物**。根据能否水解及水解后的产物，糖类可以分为单糖、低聚糖和多糖三类。单糖是不能水解的多羟基醛或多羟基酮，如葡萄糖、果糖等。低聚糖也称寡糖，是能水解生成 2～10 个单糖分子的糖类，其中以双糖最为常见，如蔗糖、麦芽糖、乳糖等。多糖是能水解生成多个单糖分子的糖类，如淀粉、糖原、纤维素等。多糖由几百、上千个单糖分子缩合而成，属于天然高分子聚合物。

第1节　单　糖

一、单糖的结构

　　单糖的种类很多，按结构中含有醛基或酮基可分为**醛糖**和**酮糖**；按所含碳原子数目，可分为丙糖、丁糖、戊糖和己糖等。最简单的单糖是甘油醛和二羟基丙酮，它们是与糖代谢有关的丙醛糖和丙酮糖。

$$
\begin{array}{cc}
\text{CHO} & \text{CH}_2\text{OH} \\
| & | \\
\text{CHOH} & \text{C}{=}\text{O} \\
| & | \\
\text{CH}_2\text{OH} & \text{CH}_2\text{OH} \\
\text{甘油醛} & \text{二羟基丙酮}
\end{array}
$$

　　自然界的单糖以戊糖和己糖最为常见，其中以葡萄糖最为重要。

知识链接

手 性 分 子

　　甘油醛碳链上第二个碳原子上连有氢原子、羟基、醛基、羟甲基 4 个不相同的原子或原子团，称为手性碳原子，又称不对称碳原子。含有手性碳原子的分子会产生两种对映异构体，这两种构型异构体像人的左手和右手互为实物与镜像关系而又不能重叠，这种分子称为手性分子。甘油醛的对映异构体分别称为 D-甘油醛和 H-甘油醛。手性分子的两种构型在生理活性等方面差别很大。例如，药物多巴分子中有一个手性碳原子，存在两种构型。其中一种构型对人无药效，另一种构型却被广泛用于治疗中枢神经系统的一种慢性病——帕金森病。

（一）葡萄糖的结构

　　1. 葡萄糖的开链结构和构型　　葡萄糖是己醛糖，分子式为 $C_6H_{12}O_6$。实验证明，葡萄糖分子中有 1 个醛基和 5 个羟基，醛基碳为 1 位碳，另外 5 个碳原子上分别连接一个羟基，并且除 3 位碳原子上的羟基在碳链的左侧外，其余的羟基都排在右侧。葡萄糖的费歇尔投影式为

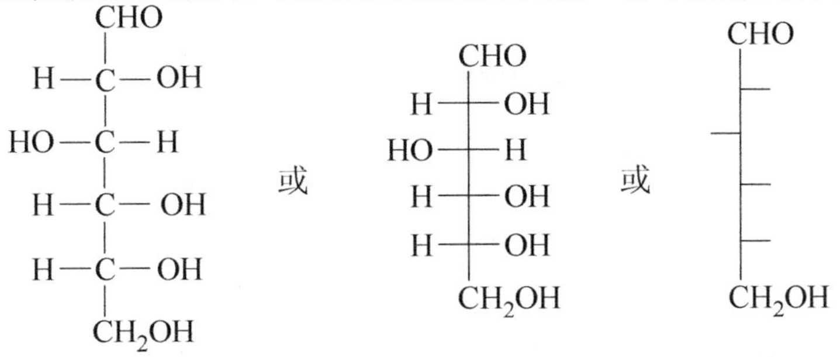

　　葡萄糖分子结构中有 4 个（C_2、C_3、C_4、C_5）手性碳原子。各种单糖立体异构体的构型，一般采用甘油醛标准，用 D、L 标记相对构型。规定凡是单糖分子中编号最大的手性碳原子的构型与 D-甘油醛相同者为 D 型，与 L-甘油醛相同者为 L 型。天然葡萄糖 C_5 上的羟基在投影式右边，与 D-甘油醛相同，因此属于 D 型。因其具有右旋光性，所以通常称为 D-(+)-葡萄糖，简称 D-葡萄糖。

　　自然界存在的各种单糖多为 D 型，如 D-果糖、D-核糖、D-脱氧核糖、D-半乳糖、D-甘露糖等。

　　2. 葡萄糖的环状结构　　醛可以与醇作用生成半缩醛，经物理及化学方法证实，晶体葡萄糖是以环状结构存在。由于碳链弯曲，葡萄糖分子中的醛基与 C_5 上的羟基的空间位置接近，相互作用生成六元环状半缩醛。

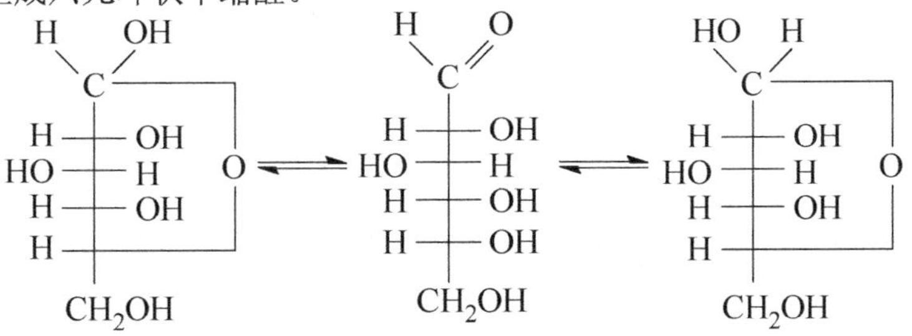

α-D-葡萄糖　　　　　　　　　　　β-D-葡萄糖

在形成环状结构的过程中，葡萄糖原有的羰基碳原子 C_1 成为一个新的手性碳原子，因此生成的半缩醛羟基有两种构型：半缩醛羟基在投影式右边称为 α 型；在左边称为 β 型。相应的葡萄糖就有两种环状结构——α-D-葡萄糖和 β-D-葡萄糖，两者在结构上的区别只是 C_1 的构型不同，其他手性碳原子构型完全相同。

α-D-葡萄糖和 β-D-葡萄糖的晶体是稳定的，各有固定的熔点。但在水溶液中，α-D-葡萄糖和 β-D-葡萄糖两种环状结构之间通过开链结构进行相互转化，逐渐达到动态平衡。在平衡混合物中，α-D-葡萄糖约占 36%，β-D-葡萄糖约占 64%，开链醛式含量很少，不足 0.1%。但是，α-D-葡萄糖和 β-D-葡萄糖之间的相互转化必须通过开链结构才能进行。

3. 哈沃斯投影式　哈沃斯采用平面六元环透视式代替费歇尔投影式，称为哈沃斯投影式。5 个碳原子和 1 个氧原子的六元环单糖看作杂环吡喃的衍生物，称为吡喃糖；把含有 4 个碳原子和 1 个氧原子的五元环单糖看作杂环呋喃的衍生物，称为呋喃糖。葡萄糖通常以吡喃糖的形式存在，分别称为 α-D-吡喃葡萄糖和 β-D-吡喃葡萄糖。其哈沃斯投影式如下：

α-D-吡喃葡萄糖　β-D-吡喃葡萄糖

投影式左边的羟基写在环的上方，右边羟基写在环的下方，以表示其空间位置排布。

（二）果糖的结构

1. 果糖的开链式　果糖是己酮糖，分子式为 $C_6H_{12}O_6$，与葡萄糖互为同分异构体。其开链结构含有 3 个（C_3、C_4、C_5）手性碳原子，由于编号最大（C_5）的手性碳原子上的羟基在投影式右边，属于 D 型。果糖分子中 C_2 位上含有酮基，5 个羟基分别连在其余的 5 个碳原子上。除 C_1 外，其余碳原子上羟基的空间位置与葡萄糖相同，其开链式为

2. 果糖的氧环式　当果糖以游离状态存在时，酮基与 C_6 位上的羟基作用生成六元环结构形式存在；当果糖以结合状态存在时，酮基与 C_5 位上的羟基作用生成五元环结构形式存在；在水溶液中，通过开链结构形成含有 5 种结构的互变平衡体系。

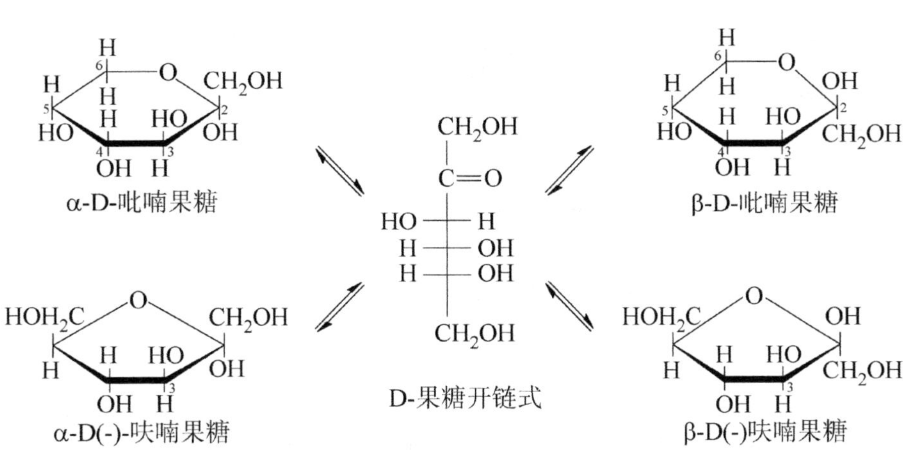

α-D-吡喃果糖　　　D-果糖开链式　　　β-D-吡喃果糖

α-D(-)-呋喃果糖　　　　　　　　　β-D(-)呋喃果糖

学习检测

11-1　单糖按结构中含有醛基或酮基可分为_____和_____；按所含碳原子数目，可分为_____、_____、_____和_____等；自然界的单糖以_____和_____最为常见。

11-2　写出葡萄糖和果糖的开链式，比较两者的异同。

11-3　各种单糖立体异构体的 D、L 构型，一般采用什么标准标记？如何标记？

11-4　单糖环状结构的两种构型 α 型和 β 型是如何标记的？

二、单糖的性质

单糖都是白色或无色晶体，有甜味和吸湿性，易溶于水，难溶于乙醇和乙醚。

单糖是多官能团化合物，具有羰基和羟基的化学性质。 由于在溶液中存在环状结构与开链式的互变平衡，所以化学反应既可以按环状结构进行，也可以按开链结构进行。

（一）氧化反应

1. 与托伦试剂、费林试剂和班氏试剂反应

托伦试剂、费林试剂和班氏试剂是碱性弱氧化剂，单糖都能被这些弱氧化剂氧化。反应中，单糖被氧化成复杂的氧化产物，单糖与托伦试剂反应生成银镜；单糖与费林试剂和班氏试剂反应生成砖红色氧化亚铜沉淀。

正常人尿中含有微量的葡萄糖。糖尿病患者尿中葡萄糖含量比正常人要高很多，含量随病情的轻重而不同。测定尿糖含量是糖尿病辅助诊断方法，临床上常用班氏试剂来检验尿中的葡萄糖。

凡是能被托伦试剂、费林试剂和班氏试剂氧化的糖，称为**还原糖**；反之，凡是不能被托伦试剂、费林试剂和班氏试剂氧化的糖，称为**非还原糖**。

2. 与溴水反应

醛糖中的醛基在溴水中可被氧化成羧基而生成糖酸，酮糖与溴水不起作用，因此利用该反应可以区别酮糖和醛糖。

（二）成苷反应

葡萄糖环状式中的半缩醛羟基（—OH）与醇或酚分子中的羟基（—OH）反应，分子间脱水生成葡萄糖缩醛，即糖苷。

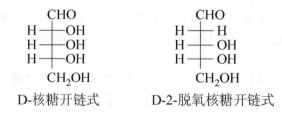

α-D-吡喃葡萄糖甲苷   β-D-吡喃葡萄糖甲苷

（三）成酯反应

葡萄糖分子中的—OH 可与磷酸等发生成酯反应，生成葡萄糖酯。

三、常见的单糖

（一）葡萄糖

葡萄糖是无色晶体，有甜味，易溶于水，难溶于有机溶剂。葡萄糖是自然界分布最广的单糖，因最初是从葡萄汁中分离得到而得名。在蜂蜜和葡萄及其他水果中有丰富的含量，植物的根、茎、叶、果实及种子中也有相当高的含量，在蔗糖、麦芽糖、淀粉、纤维素中，含有的葡萄糖是以糖苷的形式存在的，工业上可由淀粉水解得到葡萄糖。

在人体或动物体的生命过程中，葡萄糖是新陈代谢中不可缺少的营养物质，也是运动所需能量的重要来源。血液中的葡萄糖称为血糖，正常人血糖浓度为 3.9～6.1mmol/L。葡萄糖在医药、食品、制革及印染等工业中有重要的应用。

（二）果糖

果糖是天然糖中最甜的糖，广泛分布于植物中，游离的果糖存在于蜂蜜和水果浆汁中，大量的果糖以结合状态存在于蔗糖中。纯净的果糖是无色晶体，不易结晶，通常是黏稠性液体，易溶于水、乙醇和乙醚。

果糖虽是酮糖，但果糖的酮基因受相邻碳原子上羟基的影响而变得活泼，属于还原糖，能与托伦试剂、费林试剂和班氏试剂反应，能发生成酯反应和成苷反应。

（三）核糖与脱氧核糖

核糖是最重要的戊醛糖，属 D 型左旋糖。核糖的第二个碳原子上的羟基脱去氧原子从而形成 2-脱氧核糖。核酸是生物体的基本组成物质之一，核酸在酸性条件下的完全水解产物是磷酸、碱基和戊糖。由核糖核酸（RNA）水解得到的戊糖是 D-核糖，由脱氧核糖核酸（DNA）水解得到的戊糖是 D-2-脱氧核糖。

D-核糖开链式   D-2-脱氧核糖开链式

11-5 如何检验尿中的葡萄糖？

11-6 血液中的葡萄糖称为_____，正常人血糖浓度为_____。

11-7 用化学方法鉴别醛糖和酮糖。

糖 的 分 布

　　糖在生物界中分布很广，几乎所有的动物、植物、微生物体内都含有糖。糖占植物干重的 80%，占微生物干重的 10%～30%，占动物干重的 2%。在人体中，糖的主要存在形式有：①以糖原形式储藏在肝和肌肉中。糖原代谢速度很快，对维持血糖浓度恒定、满足机体对糖的需求有重要意义。②以葡萄糖的形式存在于体液中。细胞外液中的葡萄糖是糖的运输形式，它作为细胞的内环境条件之一，浓度相当恒定。③存在于多种含糖生物分子中。糖作为组成成分直接参与多种生物分子的构成。例如，DNA 分子中含脱氧核糖部分、RNA 和各种活性核苷酸（ATP、许多辅酶）含有核糖部分，糖蛋白和糖脂中有各种复杂的糖结构。

第2节 双 糖

　　双糖在自然界广泛存在。**双糖**是能水解生成两分子单糖的糖，或者看成是由两分子单糖脱水缩合而成的糖苷。其中单糖部分可能相同，也可能不同。连接两个单糖部分的苷键有两种情形：一种是两个单糖以其半缩醛羟基脱水形成双糖，没有还原性和变旋光现象，为非还原性双糖；另一种是一个单糖分子的半缩醛羟基与另一单糖分子中的醇型羟基之间脱水形成双糖，分子有还原性和变旋光现象，为还原性双糖。麦芽糖、纤维二糖、乳糖为还原糖，蔗糖为非还原糖。

　　重要的双糖有蔗糖、麦芽糖、乳糖等，其分子式都为 $C_{12}H_{22}O_{11}$，互为同分异构体。

一、蔗 糖

　　蔗糖是自然界中分布最广的双糖，存在于大多数植物体中，甜菜和甘蔗中含量最丰富。日常食用的白糖、红糖等都是蔗糖。蔗糖在医药上用作营养剂和调味剂，把蔗糖加热变成褐色的焦糖可以用作着色剂。高浓度的蔗糖能抑制细菌生长，也可以用作药物的防腐剂。

（一）蔗糖的结构

　　蔗糖是由一分子 α-D-葡萄糖的半缩醛羟基与另一分子 β-D-果糖的半缩醛羟基脱去一分子水缩合而成的糖苷。其哈沃斯投影式为

α-D-葡萄糖单位　　β-D-果糖单位

（二）蔗糖的性质

　　蔗糖是白色晶体，易溶于水，其溶解度随温度的升高而增大；难溶于乙醇、氯仿、醚等有机溶剂。蔗糖甜度较高，甜味纯正，熔点 160℃，加热到 200℃ 以上形成棕褐色的焦糖。

　　由于蔗糖分子中没有半缩醛羟基，是非还原糖，不能与托伦试剂、费林试剂和班氏试剂

作用。蔗糖比其他双糖易水解，在弱酸或酶的催化作用下，水解生成等量的葡萄糖和果糖，此混合物称为转化糖，比蔗糖更甜，是蜂蜜的主要成分。

$$C_{12}H_{22}O_{11} + H_2O \xrightarrow{H^+ 或酶} C_5H_{11}O_5CHO + C_5H_{12}O_5CO$$

蔗糖   葡萄糖   果糖

二、麦 芽 糖

麦芽糖主要存在于发芽的谷粒和麦芽中，甜度约为蔗糖的 1/3，饴糖是麦芽糖的粗制品。麦芽糖是淀粉在体内消化过程的一个中间产物，可以由淀粉在淀粉酶作用下水解产生。

（一）麦芽糖的结构

麦芽糖是由一分子 α-葡萄糖的半缩醛羟基与另一分子葡萄糖 C_4 位上的醇羟基脱去一分子水通过 α-1,4 糖苷键缩合成的双糖。其哈沃斯投影式为

苷羟基有α型和β型，因此有变旋光性

羟基未成苷，为还原性糖

α-1,4糖苷键

（二）麦芽糖的性质

常温下，纯麦芽糖为透明针状晶体，易溶于水，微溶于酒精，不溶于醚；其甜味柔和，有特殊风味。麦芽糖易被机体消化吸收，在糖类中营养最为丰富。

麦芽糖有还原性，能与托伦试剂、费林试剂和班氏试剂作用，能发生成苷反应和成酯反应。麦芽糖可被酵母发酵，水解后产生 2 分子葡萄糖。

$$C_{12}H_{22}O_{11} + H_2O \xrightarrow{H^+ 或酶} 2C_5H_{11}O_5CHO$$

麦芽糖   葡萄糖

三、乳 糖

乳糖是哺乳动物乳汁中的主要糖成分，牛乳含乳糖 46～50g/L，人乳含乳糖 50～70g/L，在植物界十分罕见。

（一）乳糖的结构

乳糖是由 β-半乳糖与葡萄糖以 β-1,4 糖苷键结合而成。

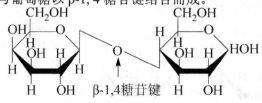

β-1,4糖苷键

β-D-吡喃半乳糖   D-吡喃葡萄糖

（二）乳糖的性质

纯品乳糖为白色固体，在水中溶解度小，甜度小。

乳糖具有还原性，乳糖可被乳糖酶和稀酸水解后生成葡萄糖和半乳糖，不被酵母发酵。乳酸菌可使乳糖发酵变为乳酸。乳糖的存在可以促进婴儿肠道双歧杆菌的生长，也有助于机体内钙的代谢和吸收，但对体内缺乳糖酶的人群，它可导致乳糖不耐症。

11-8 蔗糖是由一分子_____和一分子_____组成，它们之间通过_____糖苷键相连。蔗糖分子中没有半缩醛羟基，是_____。

11-9 麦芽糖是由两分子_____组成，它们之间通过_____糖苷键相连。

知识链接

乳 糖

很多婴幼儿食品的配方中都写不添加蔗糖，可吃起来还是甜的，其实是添加了乳糖配方，乳糖和蔗糖的区别其实还是很大的，平时生活中吃的糖，如白砂糖、糖果等，主要含有蔗糖。乳糖一般存在于动物的乳汁中，经消化水解后形成葡萄糖和半乳糖，半乳糖一般要经过转化，变为葡萄糖才能被人体吸收。乳糖对孩子来说更健康，蔗糖吃多了，容易产生龋齿和糖依赖，而且蔗糖太多会使宝宝体重增加，虽然胖嘟嘟的很可爱，但是肥胖就不好了。最好是给孩子选择不含蔗糖的配方奶粉，而且母乳里面含有乳糖，所以对宝宝来说更安全。

第3节 多 糖

多糖是指至少10个以上单糖分子脱水通过糖苷键连接而成的高分子化合物。多糖的相对分子质量很大，属于天然高分子化合物，其化学组成可用通式$(C_6H_{10}O_5)_n$表示。

根据多糖链的结构，多糖分为直链多糖和支链多糖。按其组分的繁简，多糖分为同多糖和杂多糖；前者是由一种单糖所构成，后者则由两种或两种以上的单糖或其衍生物所构成，其中有的还含有非糖物质。

多糖广泛分布于自然界，食品中多糖有淀粉、糖原、纤维素、半纤维素、果胶、植物胶、种子胶及改性多糖等。多糖与单糖、低聚糖在性质上有很大差别。多糖一般无甜味，不溶于水，不具有还原性。经过酸或酶水解时，多糖分解为组成它的结构单糖，中间产物是低聚糖。

一、淀 粉

淀粉是绿色植物光合作用的产物，在植物的种子、根部和块茎中含量丰富，其中谷类含淀粉较多，是植物储存营养物质的一种形式。淀粉是天然有机高分子化合物，相对分子质量非常大，从几万到几十万。一个淀粉分子中含有数百到数千个葡萄糖部分。

淀粉是由直链淀粉和支链淀粉两部分组成的，二者如何在淀粉粒中相互排列尚不清楚，但它们相当均匀地混合分布于整个颗粒中。不同来源的淀粉粒中所含的直链和支链淀粉比例不同，即使同一品种因生长条件不同，也会存在一定的差别。一般淀粉中支链淀粉的含量要明显高于直链淀粉的含量。

（一）直链淀粉

直链淀粉在淀粉中占10%～30%，可以溶于热水，又称为可溶性淀粉或糖淀粉，它是由250～300个D-吡喃葡萄糖通过α-1,4糖苷键连接起来的链状分子，**与碘作用呈蓝色**。

（二）支链淀粉

支链淀粉又称胶淀粉，是由 D-吡喃葡萄糖通过 α-1, 4 和 α-1, 6 两种糖苷键连接起来的带分支的复杂大分子。支链淀粉在淀粉中占 70%～90%，一般含 6000～40000 个 α-D-葡萄糖单元。支链淀粉整体的结构也远不同于直链淀粉，它呈树枝状，除主链外支链都较短，平均含 20～30 个葡萄糖基。

有些豆类淀粉则全是直链淀粉；玉米淀粉中，直链淀粉占 27%，其余为支链淀粉；糯米淀粉几乎全部为支链淀粉；支链淀粉黏度大，比直链淀粉难消化。在稀酸和酶的作用下，淀粉发生水解。在人体内，淀粉首先被淀粉酶转化为麦芽糖，继续水解得到葡萄糖供人的机体利用。

$$(C_6H_{10}O_5)_n + nH_2O \xrightarrow{\text{淀粉酶}} nC_5H_{11}O_5CHO$$

淀粉还是重要的食品工业原料，用于制备葡萄糖、酿制食醋、酿酒，可以充当药片中的赋形剂。

二、糖　原

糖原是在人和动物体内储存的一种多糖，又称动物淀粉或肝糖，食物中的淀粉经消化吸收的葡萄糖，可以以糖原的形式储存在肝脏和肌肉中，因此糖原有肝糖原和肌糖原之分。糖原的结构和支链淀粉相似，也是由 α-D-葡萄糖通过 α-1, 4 糖苷键和 α-1, 6 糖苷键结合而成。但其分支程度更稠密、更短。

糖原是白色无定形粉末，可溶于热水形成透明胶体溶液，**遇碘显红棕色**。糖原在人体内的储存对维持人体血糖浓度有重要的调节作用。当人体血糖浓度增高时，在胰岛素的作用下，肝脏能把多余的葡萄糖脱水缩聚成糖原储存起来；当血糖浓度降低时，在高血糖素的作用下，肝糖原会水解成葡萄糖进入血液，从而维持血糖的正常浓度。在剧烈运动时，肌糖原通过无氧氧化转变成乳酸，同时释放能量以供人体需求。

三、纤　维　素

纤维素与直链淀粉一样，是 D-葡萄糖通过 β-1, 4 糖苷键结合，呈直链状连接。纤维素是自然界存在量最大的多糖，在自然界碳元素的一半以上存在于纤维素中。纤维素是植物细胞壁的构成物质，常与半纤维素、木质素和果胶质结合在一起。人体没有分解纤维素的消化酶，人不能消化纤维素。食草动物具有分解纤维素苷键的水解酶，因此可以纤维素为营养来源。

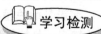学习检测

11-10　下列关于直链淀粉的叙述正确的是（　　　）。

A. 纯的直链淀粉能大量溶于水，溶液放置时会重新析出

B. 直链淀粉是由葡萄糖单位通过 α-1, 4 糖苷键连接的线形分子

C. 直链淀粉的相对分子质量比支链淀粉的相对分子质量大

D. 直链淀粉具有一定的还原性

11-11　人血液中含量最丰富的糖是_____，肝脏中含量最丰富的糖是_____。

11-12　用化学方法鉴别淀粉和糖原。

知识链接

纤维素的作用

纤维素是地球上最古老、最丰富的天然高分子化合物，是取之不尽用之不竭的人类最宝贵的天然可再生资源。纤维素化学与工业始于 160 多年前，是高分子化学诞生及发展时期的主要研究对象。人体内没有β-糖苷酶，不能对纤维素进行分解与利用。

近年来的研究发现，食物纤维具有独特的作用。纤维素具有吸附大量水分，增加粪便量，促进肠蠕动，加快粪便的排泄，使致癌物质在肠道内的停留时间缩短，对肠道的不良刺激减少的作用，从而可以预防肠癌发生。能与食物中的胆固醇及甘油三酯结合，减少脂类的吸收，预防和治疗冠心病。因此纤维素在人的食物中是不可缺少的，多吃蔬菜和水果，以保证适量的纤维素，对人体健康有着重要意义。

本章知识点总结

知识点			知识内容	
糖类的概念			糖类是多羟基醛或多羟基酮及其脱水缩合物	
糖类的分类			单糖、低聚糖和多糖	
单糖的结构			①开链式（费歇尔投影式）；②氧环式（费歇尔投影式、哈沃斯投影式）（以葡萄糖的组成和结构为核心联想记忆其他单糖）	
糖类的性质	分类	代表物	性质	检验
	单糖	葡萄糖	（1）氧化反应：①与托伦试剂、费林试剂和班氏试剂反应；②与溴水反应。 （2）成苷反应。 （3）酯化反应	托伦试剂、费林试剂或班氏试剂
	双糖	蔗糖	能水解；无还原性；不能与托伦试剂、费林试剂和班氏试剂作用，也不能发生成苷反应	
		麦芽糖乳糖	能水解；有还原性，能与托伦试剂、费林试剂和班氏试剂作用，能发生成苷反应	托伦试剂、费林试剂和班氏试剂
	多糖	淀粉	无还原性；能水解；遇碘显蓝色	遇碘显蓝色
		糖原	无还原性；能水解；遇碘显红棕色	遇碘显红棕色
		纤维素	无还原性；能水解	

自 测 题

一、名词解释

1. 单糖　2. 醛糖　3. 酮糖　4. 还原糖　5. 双糖

6. 多糖

二、选择题

1. 下列糖中，（　　）是非还原糖。

　A. 葡萄糖　B. 果糖　C. 蔗糖　D. 麦芽糖

2. 葡萄糖不能发生的反应是（　　）。

　A. 水解反应　　　　　　B. 成苷反应

　C. 成酯反应　　　　　　D. 氧化反应

3. 下列说法不正确的是（　　）。

　A. 单糖是不能发生水解的糖

　B. 不含醛基的糖一定没有还原性

C. 淀粉和纤维素都是天然高分子化合物

D. 多糖没有还原性

4. 下列对多糖的叙述不正确的是（　　）。

A. 多糖没有还原性

B. 多糖没有甜味

C. 多糖都能水解

D. 多糖都能与碘液作用显蓝色

5. 下列物质在一定条件下既能发生水解反应，又能发生银镜反应的糖是（　　）。

A. 葡萄糖　　　　　B. 麦芽糖

C. 纤维素　　　　　D. 甲酸丙酯

6. 有关葡萄糖与果糖的下列说法中，不正确的是（　　）。

A. 葡萄糖比果糖要甜

B. 两者都易溶于水

C. 果糖属于酮糖

D. 两者互为同分异构体

7. 青苹果汁遇碘溶液显蓝色，熟苹果汁能还原银氨溶液，这说明（　　）。

A. 青苹果中只含淀粉不含糖类

B. 熟苹果中只含糖类不含淀粉

C. 苹果转熟时淀粉水解为单糖

D. 苹果转熟时单糖聚合成淀粉

三、填空题

1. 连接四个不同原子或基团的碳原子称为_____。

2. 检验尿中的葡萄糖临床上常用_____，产生的现象是_____。

3. 自然界中重要的单糖有_____、_____、_____、_____。

4. 自然界中重要的双糖有_____、_____、_____。

5. 凡是能被托伦试剂、费林试剂和班氏试剂氧化的糖，称为_____；凡是不能被托伦试剂、费林试剂和班氏试剂氧化的糖，称为_____。

6. 己醛糖分子有_____个不对称碳原子，己酮糖分子中有_____个不对称碳原子。

7. 单糖费歇尔投影式有两种立体异构体，分别称为_____和_____，单糖环状结构的两种构型分别称为_____和_____。

四、问答题

1. 在人体或动物体的生命过程中，葡萄糖有什么重要作用？

2. 五个试剂瓶中分别装的是核糖、葡萄糖、果糖、蔗糖和淀粉。但不知哪个瓶中装的是哪种糖液，用最简单的化学方法鉴别之。

3. 什么是还原性糖和非还原性糖？它们在结构上有什么区别？

4. 麦芽糖与蔗糖有什么区别？如何用化学方法鉴别？

（罗海洋、丁宏伟）

杂环化合物和生物碱

📖 **学习重点**

1. 杂环化合物的概念、分类和命名。
2. 生物碱的概念、生物碱的性质。
3. 常见的杂环化合物、生物碱在医学中的应用。

第1节 杂环化合物

杂环化合物广泛存在于自然界中，大多数具有生物活性，在医学中具有重要意义。例如，核酸、某些维生素、抗生素、激素和色素，以及临床上应用的一些有显著疗效的天然药物和合成药物等，都含有杂环化合物的结构。

一、杂环化合物的概念

由碳原子与非碳原子共同构成的环状化合物称为杂环化合物。环内非碳原子统称为杂原子，常见的杂原子有氮、氧、硫等。例如，⬠、⬠、⬠环内的杂原子分别是氧、硫、氮原子。

二、杂环化合物的分类和命名

（一）杂环化合物的分类

杂环化合物的分类通常以杂环骨架为基础进行分类。按构成环的杂原子的数目，分为含一个杂原子的杂环和含两个或两个以上杂原子的杂环。按杂环的数目分为单杂环和稠杂环。单杂环根据环的大小分为五元杂环和六元杂环；稠杂环根据其稠合环形式分为苯稠杂环和杂稠杂环。常见杂环化合物见表 12-1。

表 12-1　常见杂环化合物分类、名称及标位

类别	常见杂环化合物				
含一个杂原子 的五元杂环	吡咯	呋喃	噻吩		
含两个杂原子 的五元杂环	吡唑	咪唑	噁唑	异噁唑	噻唑

类别	常见杂环化合物
五元稠杂环	吲哚　　苯并呋喃　　苯并咪唑　　咔唑
含一个杂原子的六元杂环	吡啶　　2H-吡喃　　4H-吡喃
含两个杂原子的六元杂环	哒嗪　　嘧啶　　吡嗪
六元稠杂环	喹啉　　异喹啉　　喋啶　　嘌呤 吖啶　　吩嗪　　吩噻嗪

（二）杂环化合物的命名

杂环化合物的命名常采用译音命名法。译音命名法是根据国际纯粹与应用化学联合会推荐的通用名，按外文名称的译音来命名，并用带"口"字旁的同音汉字来表示环状化合物。例如，

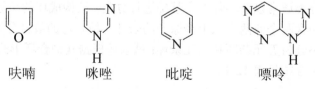

呋喃　　　　咪唑　　　　吡啶　　　　嘌呤

杂环上有取代基时，以杂环为母体，将环编号以注明取代基的位次，编号一般从杂原子开始。含有两个或两个以上相同杂原子的单杂环编号时，把连有氢原子的杂原子编为 1，并使其余杂原子的位次尽可能小；如果环上有多个不同杂原子时，按氧、硫、氮的顺序编号。例如，

2,5-二甲基呋喃　　　4-甲基咪唑　　　4,5-二甲基噻唑

12-1 杂环化合物环内非碳原子统称为＿＿＿＿＿，常见的杂原子有＿＿＿＿。

12-2 写出呋喃、噻吩、吡咯、吡啶的结构式。

三、常见的杂环化合物

（一）呋喃西林

呋喃西林为黄色结晶性粉末，无臭，味初淡，但有微苦的余味，日光下色渐深，236～240℃熔融同时分解。本品微溶于乙醇，极微溶于水，几乎不溶于乙醚及氯仿。临床上常用0.02%溶液剂或0.2%软膏剂进行外用消毒。

$$NO_2 \text{—} \underset{O}{\overset{}{\bigcirc}} \text{—CH}=\text{H—NH—C(=O)—NH}_2$$

呋喃西林

（二）青霉素 G

青霉素 G 是含有噻唑杂环的抗生素。

1929 年英国微生物学家弗莱明发现了青霉素的抑菌作用。1940 年弗洛里和钱恩从青霉菌培养液中提取出青霉素晶体。1941 年用青霉素治疗人类细菌感染取得成功。青霉素微溶于水，临床上将其制成钠盐或钾盐，以增大其水溶性。青霉素水溶液在室温下易分解而失活，因此临床上常使用其粉针剂，用前临时配制。

（三）尼克刹米

尼克刹米，又称可拉明，为无色或淡黄色的油状液体，味苦，能溶于水、乙醇、乙醚等。尼克刹米是中枢兴奋药物，可用于中枢性呼吸及循环衰竭、麻醉药、其他中枢抑制药中毒的急救。

（四）磺胺嘧啶

磺胺嘧啶（SD）为白色结晶性粉末，无臭、无味，遇光色渐变暗，在水中溶解度非常小，在稀酸中溶解。磺胺嘧啶是一种常用的磺胺类药物，抗菌谱广，用于治疗肺炎、中耳炎、上呼吸道感染等，是治疗流行性脑炎的首选药物。

$$H_2N\text{—}\bigcirc\text{—}SO_2NH\text{—}\bigcirc$$

（五）嘌呤类化合物

嘌呤为无色晶体，熔点 216～217℃，易溶于水，可与强酸或强碱成盐。嘌呤并不存在于自然界，但它的衍生物广泛存在于动植物体中。例如，腺嘌呤和鸟嘌呤为核酸的碱基，黄嘌呤和尿酸存在于哺乳动物的尿和血液中。

| 腺嘌呤 | 鸟嘌呤 | 黄嘌呤 | 尿酸 |

12-3　找出青霉素 G 的杂环和其他官能团。

12-4　临床上为什么使用青霉素 G 的钾盐和粉针剂？

12-5　分别指出呋喃西林、尼可刹米、磺胺嘧啶、腺嘌呤的结构中的杂环名称_____、_____、_____、_____。

知识链接

尿　酸

尿酸为白色结晶，难溶于水，有弱酸性，是哺乳动物体内嘌呤衍生物的代谢产物，人尿中仅含有少量。正常人体尿液中产物主要为尿素，含少量尿酸。尿酸是嘌呤代谢的终产物，为三氧基嘌呤，其醇式呈弱酸性。各种嘌呤氧化后生成的尿酸随尿排出。在嘌呤代谢发生障碍时，血和尿中尿酸增加，严重时形成尿结石；如尿酸沉积在软骨及关节处，则易导致痛风。

第2节　生　物　碱

生物碱是生物体内具有生理活性含氮的碱性有机化合物。这类物质主要从植物中提取，生物碱多数根据其植物来源而命名。

一、生物碱的一般性质

生物碱大多数是无色或白色固体结晶，有色的很少（黄连素黄色），液体也很少（烟碱为液体）。生物碱一般有苦味，能溶于氯仿、乙醇、醚等有机溶剂，多半不溶或难溶于水。

生物碱具有碱性，能与盐酸反应生成溶于水的生物碱盐，后者与强碱反应又生成难溶于水的生物碱，因此常利用这种性质提取生物碱。

生物碱的化学性质

（1）沉淀反应：生物碱或生物碱的盐类水溶液，能与一些试剂生成不溶性沉淀。这种试剂称为生物碱沉淀剂。此种沉淀反应可用于鉴定或分离生物碱。常用的生物碱沉淀剂有：碘化汞钾试剂，与生物碱作用多生成黄色沉淀；碘化铋钾试剂，与生物碱作用多生成黄褐色沉淀；碘试液、鞣酸试剂、苦味酸试剂分别与生物碱作用，多生成棕色、白色、黄色沉淀。

（2）颜色反应：生物碱与一些试剂反应，呈现各种颜色，可用于鉴别生物碱。例如，钒酸铵-浓硫酸溶液与吗啡反应时显棕色，与可待因反应显蓝色，与莨菪碱反应则显红色。此外，钼酸钠的浓硫酸溶液，浓硫酸中加入少量甲醛的溶液，都能使各种生物碱呈现不同的颜色。

二、常见的生物碱

（一）烟碱

烟碱又名尼古丁，存在于烟草中。烟碱属于吡啶类生物碱，为无色油状液体，溶于水，有剧毒。少剂量即对中枢神经有兴奋作用，大剂量会抑制中枢神经，摄入者出现头痛、恶心，甚至死亡。它的结构式如下：

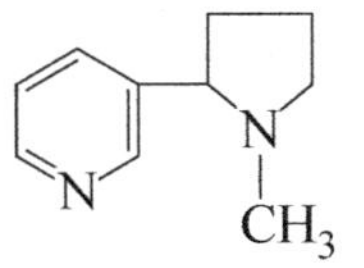

（二）麻黄碱

麻黄碱存在于麻黄中，为无色晶体，味苦，易溶于水。麻黄碱有兴奋交感神经、升高血压、扩张支气管的作用，是常用的平喘止咳药物。它的结构式如下：

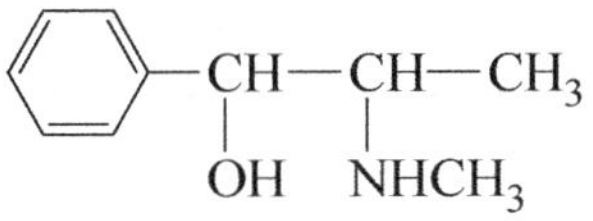

（三）阿托品

阿托品又称硫酸阿托品、混旋莨菪碱。阿托品是从植物颠茄、洋金花或莨菪等提取的生物碱，也可人工合成，为白色晶体，味苦。临床上硫酸阿托品用于治疗平滑肌痉挛及胃、十二指肠溃疡等，为急性有机磷中毒的特效解毒药。它的结构式如下：

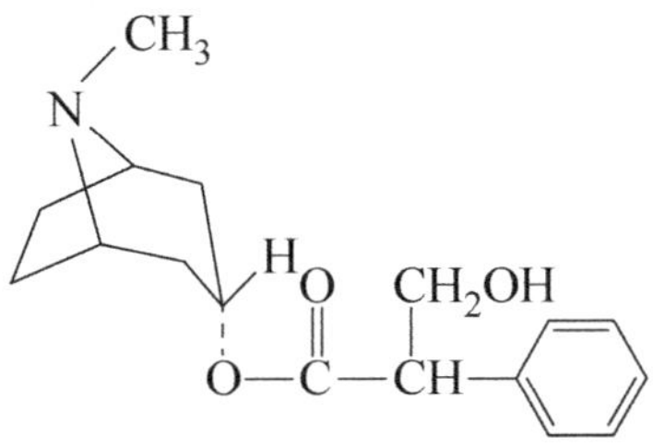

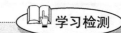

12-6 烟碱结构中两个杂环骨架分别来自_____、_____杂环。

12-7 观察麻黄碱结构中的羟基，该物质属于_____醇。

知识链接

阿片中的生物碱

阿片中主要含有三种生物碱：吗啡、罂粟碱、可待因。这三种生物碱各有其作用，使阿片在临床上有多种用途。罂粟碱具有解痉挛作用；可待因具有止咳作用；吗啡具有强烈的镇痛、镇静作用，临床上常制成盐酸盐、硫酸盐等形式作为晚期癌症患者的止痛药。吗啡极易成瘾，长期使用可使记忆力减退，出现幻觉等精神失常症状，大剂量使用会因呼吸停止而死亡。因此，吗啡是全世界关注的毒品，临床使用受到严格控制。

本章知识点总结

一、杂环化合物

知识点	知识内容
杂环化合物	杂环化合物是由碳原子和非碳原子共同组成环状骨架结构的一类化合物
分类	五元杂环、六元杂环、苯稠杂环、稠杂环
常见杂环化合物在医学中的应用	呋喃西林、青霉素 G、尼可刹米、磺胺嘧啶、嘌呤类化合物

二、生 物 碱

知识点	知识内容
生物碱	生物碱是生物体内具有生理活性的一类含氮有机化合物
生物碱性质	大多数生物碱是无色或白色固体结晶。生物碱一般有苦味，能溶于氯仿、乙醇、醚等有机溶剂，多半不溶或难溶于水。 生物碱具有碱性，能与盐酸反应生成溶于水的生物碱盐
常见的生物碱在医学中的应用	烟碱、麻黄碱、阿托品

自 测 题

一、名词解释

1. 杂环化合物 2. 生物碱

二、填空题

1. 杂环化合物，根据环的大小分为_____元杂环和_____元杂环两大类；根据杂原子的数目分为含_____和_____杂原子的杂环，根据杂环的数目分为_____和_____等。

2. 写出呋喃、噻吩、吡咯的结构：_____、_____、_____。

3. 由于生物碱多数难溶于水，所以常利用生物碱的_____性，通过与_____反应生成生物碱的_____，以改善生物碱的水溶性。

三、选择题

1. 下列化合物属于杂环化合物的是（　　　）。

A.  [呋喃结构]　　B.  [环戊二烯结构]

C. 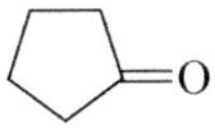 [环戊酮结构]　　D. 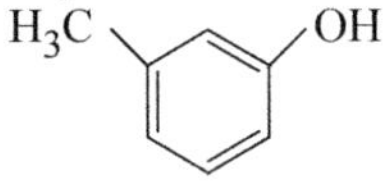 [甲基苯酚结构]

2. 下列化合物属于六元稠杂环化合物的是（　　　）。

A. 噻吩　B. 嘧啶　C. 吲哚　D. 喹啉

3. 下列不属于生物碱的是（　　　）。

A. 麻黄碱　B. 吗啡　C. 阿托品　D. 胆碱

4. 下列关于生物碱的叙述错误的是（　　　）。

A. 存在于生物体内

B. 一般都具有显著的生理活性

C. 分子中都含有氮杂环

D. 一般具有弱碱性

四、简答题

1. 常见杂环化合物有哪些?在医学中各有什么作用？

2. 常见生物碱及在医学中有什么作用？

（张春梅）

第13章

氨基酸与蛋白质

学习重点

1. 氨基酸的概念及分类。
2. 氨基酸的主要化学性质。
3. 蛋白质的元素组成及结构特点。
4. 蛋白质的主要化学性质。

蛋白质是人类重要的营养物质之一，也是生物体内极为重要的高分子化合物。从微小的病毒、细菌、酶、抗体、激素至动物的肌肉、皮肤、毛发、蹄角等，其主要成分都是蛋白质，所有生命过程都与蛋白质密不可分。所以，蛋白质是一切生命活动的主要物质基础，没有蛋白质就没有生命。氨基酸是构成蛋白质的基本结构单位，要认识蛋白质，必须先学习氨基酸。

第1节 氨 基 酸

一、氨基酸的结构、分类和命名

（一）氨基酸的结构和分类

羧酸分子中烃基上的氢原子被氨基取代生成的化合物，称为氨基酸。例如，

$$\begin{array}{c} CH_3 - \underset{\displaystyle NH_2}{\underset{|}{CH}} - COOH \end{array}$$

氨基丙酸

氨基酸分子中同时含有氨基（$—NH_2$）和羧基（—COOH）两种官能团，属于取代羧酸。

氨基酸主要有以下几种分类方法。

（1）根据分子中氨基和羧基的相对位置不同，氨基酸分为α-氨基酸、β-氨基酸、γ-氨基酸等。其中，构成蛋白质的氨基酸几乎都是α-氨基酸，α-氨基酸的结构通式为

$$\begin{array}{c} R - \overset{\alpha}{\underset{\displaystyle NH_2}{\underset{|}{CH}}} - COOH \end{array}$$

由于侧链R—的不同，可形成多种α-氨基酸。

（2）根据分子中烃基的不同，氨基酸分为脂肪族氨基酸、芳香族氨基酸和杂环氨基酸。

（3）根据分子中氨基和羧基的相对数目不同，氨基酸分为中性氨基酸（一氨基一羧基）、酸性氨基酸（一氨基二羧基）和碱性氨基酸（二氨基一羧基）。

（二）氨基酸的命名

氨基酸的系统命名法与羟基酸相似，把羧酸作为母体，氨基当作取代基，用希腊字母或阿拉伯数字标明氨基和其他取代基的位次而命名，称为"氨基某酸"。氨基酸常按照其性质或来源而采用俗名。常见氨基酸的名称、字母代号、结构式等见表 13-1。甘氨酸因具甜味而得名，天门冬氨酸因最初是从植物天门冬的幼苗中发现而得名。例如，

$$H_3C-\underset{\underset{NH_2}{|}}{CH}-COOH \qquad HOOC-CH_2-\underset{\underset{NH_2}{|}}{CH}-COOH$$

α-氨基丙酸（丙氨酸）　　　　α-氨基丁二酸（天门冬氨酸）

表 13-1　常见氨基酸的名称和结构式

类别	俗名（系统命名）	字母代号	等电点	结构式
脂肪族氨基酸	甘氨酸（α-氨基乙酸）	G	5.97	$H_2C-\underset{\underset{NH_2}{\mid}}{}COOH$
	丙氨酸（α-氨基丙酸）	A	6.00	$H_3C-CH-COOH$，NH_2
	缬氨酸*（β-甲基-α-氨基丁酸）	V	5.96	$H_3C-CH-CH-COOH$，CH_3　NH_2
	亮氨酸*（γ-甲基-α-氨基戊酸）	L	6.02	$H_3C-CH-CH_2-CH-COOH$，CH_3　　NH_2
	异亮氨酸*（β-甲基-α-氨基戊酸）	I	5.98	$H_3C-CH_2-CH-CH-COOH$，　　　CH_3　NH_2
	丝氨酸（α-氨基-β-羟基丙酸）	S	5.68	$HO-CH_2-CH-COOH$，NH_2
	苏氨酸*（α-氨基-β-羟基丁酸）	T	6.53	$H_3C-CH-CH-COOH$，OH　NH_2
	蛋氨酸*（α-氨基-γ-甲硫基戊酸）	M	5.74	$H_3C-S-CH_2-CH_2-CH-COOH$，NH_2
	半胱氨酸（α-氨基-β-巯基丙酸）	C	5.07	$H_2C-CH-COOH$，SH　NH_2
	天门冬氨酸（α-氨基丁二酸）	D	2.77	$HOOC-CH_2-CH-COOH$，NH_2
	谷氨酸（α-氨基戊二酸）	E	3.22	$HOOC-CH_2-CH_2-CH-COOH$，NH_2

续表

类别	俗名（系统命名）	字母代号	等电点	结构式
脂肪族氨基酸	赖氨酸*（α, ω-二氨基己酸）	K	9.74	$H_2C-CH_2-CH_2-CH_2-CH-COOH$，$NH_2$，$NH_2$
	精氨酸（α-氨基-δ-胍基戊酸）	R	10.76	$H_2N-C-NH-CH_2-CH_2-CH_2-CH-COOH$，$NH$，$NH_2$
芳香族氨基酸	苯丙氨酸*（β-苯基-α-氨基丙酸）	F	5.48	$CH_2-CH-COOH$，NH_2
	酪氨酸（α-氨基-β-对羟苯基丙酸）	Y	5.66	$HO-$ $CH_2-CH-COOH$，NH_2
杂环氨基酸	脯氨酸（α-四氢吡咯甲酸）	P	6.30	$-COOH$
	色氨酸*[α-氨基-β-（3-吲哚基）丙酸]	W	5.89	$CH_2-CH-COOH$，NH_2
	组氨酸[α-氨基-β-（4-咪唑基）丙酸]	H	7.59	$CH_2-CH-COOH$，NH_2

*必需氨基酸

学习检测

13-1　氨基酸有哪几种分类方法？

13-2　人体中必需氨基酸有哪八种？

二、氨基酸的性质

（一）氨基酸的物理性质

天然的氨基酸都是无色固体，能形成一定形状的结晶，熔点较高，在 200～300℃之间，加热到熔点时，易分解放出 CO_2。氨基酸都能溶于强酸或强碱溶液，除少数外一般均能溶于水，但难溶于乙醇及乙醚等有机溶剂。有的氨基酸具有甜味，但也有无味甚至苦味的。例如，谷氨酸的钠盐则具有鲜味，是调味品"味精"的主要成分。

（二）氨基酸的化学性质

1. 氨基酸的两性

氨基酸分子中含有碱性的氨基和酸性的羧基，属于两性化合物，因此氨基酸既能与酸反应，又能与碱反应生成盐。例如，

$$\underset{\text{氨基乙酸}}{\begin{array}{c} H_2C - COOH \\ | \\ NH_2 \end{array}} + HCl \longrightarrow \underset{\text{氨基乙酸盐酸盐}}{\begin{array}{c} H_2C - COOH \\ | \\ NH_3^+Cl^- \end{array}}$$

$$\underset{\text{氨基乙酸}}{\begin{array}{c} H_2C - COOH \\ | \\ NH_2 \end{array}} + NaOH \longrightarrow \underset{\text{氨基乙酸钠}}{\begin{array}{c} H_2C - COONa \\ | \\ NH_2 \end{array}}$$

氨基酸分子内的氨基与羧基之间可相互作用，氨基能接受由羧基上电离出的氢离子，而成为两性离子（分子内盐）。

$$\underset{}{\begin{array}{c} R - CH - COOH \\ | \\ NH_2 \end{array}} \rightleftharpoons \underset{\text{两性离子（分子内盐）}}{\begin{array}{c} R - CH - COO^- \\ | \\ NH_3^+ \end{array}}$$

这种分子内盐同时带有正电荷与负电荷成为阳离子与阴离子，因此内盐称为两性离子。

2. 成肽反应

两个氨基酸分子，在酸或碱的存在下加热，通过一分子的氨基酸羧基与另一分子的氨基酸氨基间脱去一分子水，缩合含有肽键的化合物，称为**成肽反应**。例如，

$$\begin{array}{c} NH_2\ O \\ | \ \ || \\ R - C - C \fbox{$-OH + H-$} N - C - COOH \\ | \quad\quad\quad | \quad H \quad | \\ H \quad\quad\quad\quad\quad R' \end{array} \longrightarrow H_2N - \underset{H}{\overset{R}{C}} \fbox{$\underset{}{\overset{O}{C}} - NH$} \underset{H}{\overset{R'}{C}} - COOH + H_2O$$

肽键

二肽分子中的酰胺键是氨基酸分子间脱水缩合的桥梁，称为肽键。两个以上的氨基酸分子间脱水以肽键结合，可以生成三肽、四肽、五肽、……、多肽。例如，

$$\fbox{H_2N} - \underset{H}{\overset{R\ \ O}{C - C}} - \left[NH - \underset{H}{\overset{R'\ \ O}{C - C}} \right]_n \underset{H}{\overset{R''}{C}} - \fbox{$COOH$}$$

N端 ·························· C端

肽是由两个或两个以上氨基酸分子脱水缩合以肽键相连的化合物。多种氨基酸分子按不同的顺序以肽键结合，形成了千百万种具有不同理化性质和生理活性的多肽链。相对分子质量在 10000 以上的，并具有一定空间结构的多肽，称为蛋白质。

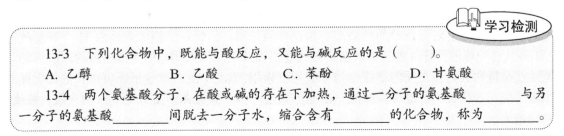

学习检测

13-3　下列化合物中，既能与酸反应，又能与碱反应的是（　　　）。

　A. 乙醇　　　　　　B. 乙酸　　　　　　C. 苯酚　　　　　　D. 甘氨酸

13-4　两个氨基酸分子，在酸或碱的存在下加热，通过一分子的氨基酸_____与另一分子的氨基酸_____间脱去一分子水，缩合含有_____的化合物，称为_____。

必需氨基酸及其生理功能

　　必需氨基酸在人体内不能合成或合成不足，必须依靠食物来供给。人们在日常生活中应膳食平衡，保证必需氨基酸的摄取，以维持身体的健康。必需氨基酸的生理功能：①赖氨酸可以调节人体代谢平衡，提高胃液分泌功效及钙的吸收。②蛋氨酸可用于防治慢性或急性肝炎、肝硬化等肝脏疾病。③色氨酸在医药上常用作抗闷剂、抗痉挛剂、胃分泌调节剂、胃黏膜保护剂和强抗昏迷剂等。④缬氨酸等支链氨基酸的注射液治疗肝功能衰竭等疾病。⑤亮氨酸可用于诊断和治疗小儿的突发性高血糖症，促进睡眠减低对疼痛的敏感缓解偏头痛、缓和焦躁及紧张情绪减轻因酒精而引起人体中化学反应失调的症状，并有助于控制酒精。⑥异亮氨酸能治疗神经障碍、食欲减退和贫血，增加生长激素产生。⑦苏氨酸参与脂肪代谢，能协助蛋白质被人体吸收，利用所不可缺少的氨基酸防止肝脏中脂肪的累积促进抗体的产生，增强免疫系统。⑧苯丙氨酸能降低饥饿感、提高性欲、改善记忆力、提高思维的敏捷度、消除抑郁情绪。

第2节　蛋　白　质

一、蛋白质的元素组成和结构

（一）蛋白质的元素组成

　　蛋白质是一类十分重要的含氮生物高分子化合物，其相对分子质量从几万至几千万。人体内所具有的蛋白质种类达到了 10 万种以上。蛋白质虽然种类繁多，结构复杂，但其组成元素并不多，主要含有 C、H、O、N、S 等五种元素，某些蛋白质含有 P，少量蛋白质含有微量 Fe、Zn、Mn、Cu 及其他元素。蛋白质中主要元素的含量如下：C 占 50%～55%；N 占 13%～19%；H 占 6.0%～7.3%；O 占 19%～24%；S 占 0%～4%。

　　蛋白质分子的重要特征是含氮，大多数蛋白质含氮量都很接近，平均约为 16%，即在 100g 蛋白质中平均含有 16g 氮。因此，在生物组织中每含 1g 氮相当于约 6.25g（100/16）的蛋白质，6.25g 称为**蛋白质系数**。化学分析时，只要测定生物样品中的含氮量，就可以推算出其中蛋白质的大致含量（样品中蛋白质的含量＝含氮量×6.25）。

（二）蛋白质的结构

　　蛋白质分子的特殊功能和活性不仅取决于多肽链的氨基酸的种类、数目及排列顺序，还与其特定的空间结构密切相关。**蛋白质分子多肽链中的各种氨基酸的排列顺序称为蛋白质的一级结构**，它对蛋白质的性质起着决定性的作用。例如，牛胰岛素是由 51 个氨基酸、2 条多肽链构成的。蛋白质分子以螺旋方式卷曲而成的空间结构，称为蛋白质的二级结构。氢键在维持和固定蛋白质的二级结构中起重要作用。此外，蛋白质分子还可以其他化学键，如离子键、二硫键、酯键等，按照一定的方式进一步折叠盘曲，形成更复杂的三级、四级空间结构。

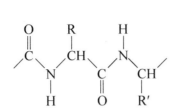

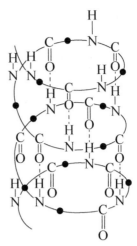

蛋白质的一级结构　　　　　　　　　蛋白质的二级结构

13-5　蛋白质主要由_____、_____、_____、_____和_____五种元素组成。

13-6　每 100g 蛋白质平均含氮_____g，蛋白质系数是_____，经测定某物质中含氮 8.4g，该物质中约含蛋白质_____g。

二、蛋白质的性质

形成蛋白质的多肽是多个氨基酸脱水形成的，在多肽链的两端还存在着自由的氨基和羧基，并且蛋白质的侧链中也有大量的酸性或碱性基团。因此，蛋白质与氨基酸一样也具有两性，既能与酸反应，又能与碱反应。除此之外，蛋白质还具有自身的特性。

（一）蛋白质的水解

蛋白质在酸、碱溶液中加热或在酶的催化下，能水解为相对分子质量较小的肽类化合物。最终逐步水解成各种 α-氨基酸。食物中的蛋白质在人体内各种蛋白酶的作用下水解成各种氨基酸，氨基酸被肠壁吸收进入血液，再在体内重新合成人体所需要的蛋白质。

（二）蛋白质的盐析

在蛋白质溶液中加入某些无机盐，如$(NH_4)_2SO_4$、Na_2SO_4 等溶液，可以使蛋白质分子凝聚而从溶液中析出，这种作用称为**盐析**。使不同的蛋白质发生盐析所需盐的浓度不同。例如，球蛋白在半饱和 $(NH_4)_2SO_4$ 溶液中就可析出，而白蛋白却要在饱和 $(NH_4)_2SO_4$ 溶液中才能析出。因此，可用逐渐增大盐溶液浓度的方法，使不同的蛋白质从溶液中分段析出，从而得以分离，这种操作方法称为**分段盐析**。

盐析所得的蛋白质仍可溶解在水中，而不影响原来蛋白质的性质。所以盐析是一个可逆的过程。利用这个性质，可以采用多次盐析的方法来分离、提纯各种蛋白质。

（三）蛋白质的变性

在某些物理因素或化学因素的影响下，蛋白质的理化性质和生物活性随之改变的作用，称为**蛋白质变性**。物理因素有加热、高压、超声波、紫外线、X 射线等，化学因素有强酸、强碱、重金属盐、乙醇、苯酚等。变性后的蛋白质称为变性蛋白质。蛋白质变性后，发生凝固沉淀不能重新溶解于水中，具有生物活性的蛋白质（酶、激素、抗体等）经变性后即失去原有的活性。例如，酶变性后不再具有催化活性。

在临床上常用乙醇、加热、高压、紫外线等消毒杀菌，热凝法检查尿蛋白等都是利用了蛋白质变性的原理。在保存激素、疫苗、酶类和血清等蛋白质制剂时，为避免其变性而失去生物活性应置于低温处。

（四）蛋白质的颜色反应

1. 黄蛋白反应

某些蛋白质遇浓硝酸立即变成黄色，再加氨水后又变为橙色，这个反应称为黄蛋白反应。含有苯环的蛋白质能发生此反应。

2. 缩二脲反应

蛋白质在强碱性溶液中与硫酸铜溶液作用，显紫色或紫红色。因为蛋白质分子中含有许多肽键，所以蛋白质分子能发生缩二脲反应，并且蛋白质的含量越多，产生的颜色也越深。医学上利用这个反应来测定血清蛋白质的总量及其中白蛋白和球蛋白的含量。

蛋白质是人类必需的营养物质之一，成年人每天需要摄取 60～80g 蛋白质，才能满足生理需要。人们从食物中摄取的蛋白质，在胃液的胃蛋白酶和胰液的胰蛋白酶作用下，经过水解生成各种氨基酸。氨基酸被人体吸收后，重新结合成人体所需要的蛋白质。最后主要分解生成尿素排出体外。

学习检测

13-7　蛋白质在酸、碱溶液中加热或在酶的催化下水解的最终产物是什么？

13-8　为什么重金属盐中毒的患者可用灌服大量牛奶、豆浆或生鸡蛋清的方法来抢救？

知识链接

蛋白质的分类

蛋白质的种类繁多，目前主要按蛋白质的组成、形状及功能等不同来分类。

（1）按蛋白质分子的组成分类：根据蛋白质分子的组成和结构复杂程度不同，可将蛋白质分为单纯蛋白质和结合蛋白质。单纯蛋白质基本上是只由 α-氨基酸组成的蛋白质。结合蛋白质由单纯蛋白质和非蛋白质两部分结合而成。

（2）按蛋白质分子的形状分类：按蛋白质分子的形状不同，可将蛋白质分为球状蛋白质和纤维状蛋白质。球状蛋白质形状近似于椭圆形或球形，生物界中的大多数蛋白质是球形蛋白质，如血红蛋白、清蛋白等。纤维状蛋白质多是构成机体的结构材料，这类蛋白质的外形类似细棒或纤维。

（3）按蛋白质分子的功能分类：按蛋白质的功能不同可这将蛋白质分为活性蛋白质和非活性蛋白质。活性蛋白质是指生命运动中一切有活性的蛋白质及它们的前体。非活性蛋白质主要包括一大类作为生物的保护或支持作用的蛋白质。

本章知识点总结

一、氨 基 酸

知识点	知识内容
概念	羧酸分子中烃基上的氢原子被氨基取代而生成的化合物，称为氨基酸
结构	分子中同时含有羧基和氨基两种官能团，通式为 $R—\overset{\alpha}{C}H—COOH$ ，NH_2
分类	（1）根据分子中氨基和羧基的相对位置不同，氨基酸分为 α-氨基酸、β-氨基酸、γ-氨基酸等。 （2）根据分子中烃基的不同，氨基酸分为脂肪族氨基酸、芳香族氨基酸和杂环氨基酸。 （3）根据分子中氨基和羧基的相对数目不同，氨基酸分为中性氨基酸（一氨基二羧基）、酸性氨基酸（一氨基二羧基）和碱性氨基酸（二氨基一羧基）
命名	把羧酸作为母体，氨基当作取代基，用希腊字母或阿拉伯数字标明氨基和其他取代基的位次而命名，称为"氨基某酸"。氨基酸一般按照其性质或来源而采用俗名
性质	两性电离；成肽反应

二、蛋 白 质

知识点	知识内容
组成	蛋白质的组成元素主要有 C、H、O、N、S 等五种元素
结构	蛋白质的一级结构（基本结构）、蛋白质的二级、三级、四级结构（空间结构）
性质	蛋白质的水解、盐析、变性、颜色反应

自 测 题

一、名词解释

1. 氨基酸　2. 成肽反应　3. 蛋白质　4. 蛋白质的一级结构　5. 蛋白质的变性　6. 蛋白质的盐析　7. 蛋白质系数

二、填空题

1. 氨基酸分子既含有酸性的_____，又含有碱性的_____，因此氨基酸是_____化合物。

2. 由于蛋白质分子中含有自由的___基和___基，所以蛋白质具有两性。

3. 蛋白质的一级结构是指_____中 α-氨基酸的_____。

4. 能使蛋白质变性的物理因素主要有_____等，

化学因素主要有_____等。

三、选择题

1. 在组成蛋白质的氨基酸中，人体必需氨基酸有（　　）种。

A. 6　　　B. 7　　　C. 8　　　D. 9

2. 临床上检验患者尿中的蛋白质是利用蛋白质受热凝固的性质，这属于蛋白质的（　　）。

A. 显色反应　　　B. 水解反应

C. 盐析作用　　　D. 变性作用

3. 欲将蛋白质从水中析出而又不改变它的性质，应加入（　　）。

A. 饱和 Na_2SO_4 溶液　B. 浓硫酸

C. 甲醛溶液　　　D. $CuSO_4$ 溶液

4. 下列过程中，不可逆的是（　　）。

  A. 蛋白质的盐析　　B. 蛋白质变性

  C. 酯的酸催化水解　D. 氯化铁水解

5. 临床上检验患者尿中蛋白质，利用蛋白质受热凝固的性质，这是属于（　　）。

  A. 水解反应　　　　B. 显色反应

  C. 变性　　　　　　D. 盐析

6. 蛋白质基本结构的主键是（　　）。

  A. 氢键　　　　　　B. 肽键

  C. 离子键　　　　　D. 二硫键

7. 下列物质不能发生水解反应的是（　　）。

  A. 氨基酸　　　　　B. 蛋白质

  C. 纤维素　　　　　D. 乙酸乙酯

（侯晓红）

参 考 文 献

丁宏伟, 宋海南, 2012. 医用化学. 2 版. 南京: 东南大学出版社

段卫东, 段广河, 2016. 医用化学. 北京: 人民卫生出版社

刘斌, 2002. 医用化学. 北京: 高等教育出版社

牛彦辉, 2004. 化学. 北京: 人民卫生出版社

綦旭良, 2010. 化学. 2 版. 北京: 科学出版社

余先纯, 李湘苏, 2012. 医学化学. 上海: 第二军医大学出版社

曾崇理, 2008. 有机化学. 2 版. 北京: 人民卫生出版社

附　录

附录一　一些常见元素的中英文名称对照表

元素符号	中文名称（拼音）	英文名	元素符号	中文名称（拼音）	英文名
Al	铝（lǚ）	aluminum	Na	钠（nà）	sodium
Ag	银（yín）	silver	Ne	氖（nǎi）	neon
Ar	氩（yà）	argon	Ni	镍（niè）	nickel
Au	金（jīn）	gold	O	氧（yǎng）	oxygen
B	硼（péng）	boron	P	磷（lín）	phosphorus
Ba	钡（bèn）	barium	Pb	铅（qiān）	lead
Be	铍（pí）	beryllium	Pt	铂（bó）	platinum
Br	溴（xiù）	bromine	Ra	镭（léi）	radium
C	碳（tàn）	carbon	Rn	氡（dōng）	radon
Ca	钙（gài）	calcium	S	硫（liú）	sulfur
Cl	氯（lǜ）	chlorine	Sc	钪（kàng）	scandium
Co	钴（gǔ）	cobalt	Se	硒（xī）	selenium
Cr	铬（gè）	chroorium	Si	硅（guī）	silicon
Cu	铜（tóng）	copper	Sn	锡（xī）	tin
F	氟（fú）	fluorine	Sr	锶（sī）	strontium
Fe	铁（tiě）	iron	Ti	钛（tài）	titanium
Ga	镓（jiā）	gallium	U	铀（yóu）	uranium
Ge	锗（zhě）	germanium	V	钒（fán）	vanadium
H	氢（jīng）	hydrogen	W	钨（wū）	tungsten
He	氦（hài）	helium	Xe	氙（xiān）	xenon
Hg	汞（gǒng）	mercury	Zn	锌（xīn）	zinc
I	碘（diǎn）	iodine	K	钾（jiǎ）	potassium
Kr	氪（kè）	krypton	Li	锂（lǐ）	lithium
Mg	镁（měi）	magnesium	Mn	锰（měng）	manganese
N	氮（dàn）	nitrogen			

附录二　化学特定用字注音表

用字	拼音体	同音字	用字	拼音体	同音字
氨	ān	安	脎	shì	示
氰	qíng	情	胺	àn	按
氕	piē	撇	腈	jīng	睛
氘	dāo	刀	脲	niào	尿
氚	chuān	川	胼	jǐng	井
铵	ǎn	俺	胩	kǎ	卡
磷	lǐn	凛	脒	mǐ	米
钟	shēn	申	胍	guā	瓜
铥	liǔ	柳	脎	sà	萨
烃	tīng	听	膦	lìn	吝
烷	wán	完	胂	shèn	慎
烯	xī	希	腙	zōng	宗
炔	quē	缺	肟	wò	握
羟	qiǎng	抢	胲	hǎi	海
羧	suō	梭	肽	tài	太
羰	tāng	汤	胨	dòng	洞
巯	yōu	悠	萘	nài	耐
醇	chún	纯	苊	běi	北
醚	mí	迷	萜	tiē	贴
醛	quán	全	菁	kǎi	楷
酮	tóng	同	蒎	pài	派
酯	zhǐ	旨	莰	kǎn	砍
酚	fēn	分	苧	shǒu	守
酰	xiān	先	芐	biàn	变
酞	tài	太	苯	běn	本
醌	kūn	昆	蒽	ēn	恩
醋	cù	促	菲	fēi	非
酐	gān	干	芑	jì	忌
酶	méi	梅	茚	yìn	印
酊	dǐng	丁	芴	wù	物
	tián	田	芘	pǐ	匹
菶	fèng	奉	哒	dá	达
菁	jīng	精	噻	sāi	塞
苷	gān	甘	吩	fēn	分
崫	qū	屈	嗪	qín	秦
莪	è	扼	吡	pī	批

续表

用字	拼音体	同音字	用字	拼音体	同音字
莔	mèng	梦	咪	mī	眯
苉	pī	批	唑	zuò	坐
嘧	mì	密	啶	dìng	定
哌	pāi	拍	啡	fēi	非
吗	mǎ	马	噁	è	恶
啉	lín	林	喃	nán	南
嘌	piào	票	呋	fū	夫
呤	líng	令	磺	huáng	黄
吲	yǐn	引	砜	fēng	风
哚	duǒ	朵	矾	fán	凡
喹	kuí	葵	甙	dài	代
咔	kǎ	卡	甾	zāi	灾
吖	yǎ	呀	巯	qiú	球
呫	zhān	沾	辚	liǎng	两
卟	bǔ	补	㗊	léi	雷

附录三　希腊字母读音表

序号	大写	小写	英文注音	中文注音
1	A	α	alpha	阿尔法
2	B	β	beta	贝塔
3	Γ	γ	gamma	伽马
4	Δ	δ	delta	德尔塔
5	E	ε	epsilon	伊普西龙
6	Z	ζ	zeta	截塔
7	H	η	eta	艾塔
8	Θ	θ	theta	西塔
9	I	ι	iota	约塔
10	K	κ	kappa	卡帕
11	Λ	λ	lambda	兰布达
12	M	μ	mu	缪
13	N	ν	nu	纽
14	Ξ	ξ	xi	克西
15	O	ο	omicron	奥密克戎
16	Π	π	pi	派
17	P	ρ	rho	肉

续表

序号	大写	小写	英文注音	中文注音
18	Σ	σ	sigma	西格马
19	Τ	τ	tau	套
20	Υ	υ	upsilon	宇普西龙
21	Φ	φ	phi	佛爱
22	Χ	χ	chi	西
23	Ψ	ϕ	psi	普西
24	Ω	ω	omega	欧米伽

教学基本要求

一、课程性质和任务

化学是研究物质的组成、结构、性质及其变化规律的科学。化学是中等卫生职业教育护理、助产、医学检验技术、口腔工艺技术、医学影像技术、眼视光技术、医学营养、医疗美容等专业的一门专业基础课程，与医学和护理学有着紧密的联系，化学的理论与技术对医学有重要作用。其主要任务是使学生在具有一定科学文化素质的基础上，使学生掌握本学科的基本理论知识和常用操作技能，为后续医学课程的学习、全面素质的提高奠定基础。

二、课程教学目标

（一）知识教学目标

1. 了解化学课程的性质和任务、化学和医学及护理学的关系。
2. 熟悉化学的基本概念、基础理论和基本知识，基本掌握化学知识在医学上的应用。

（二）能力培养目标

1. 学会化学实验的基本技能和操作方法，正确使用常用仪器和试剂进行化学实验，并规范地书写实验报告。
2. 通过实验和实训教学，使学生具备规范、熟练的基本操作技能。
3. 培养学生用化学基本知识解释日常生活和临床护理问题的能力。
4. 培养学生举一反三、融会贯通的能力；发现问题、分析问题、解决问题的能力；终生学习、自学能力。

（三）思想教育目标

1. 培养学生运用化学知识分析和解决实际问题的能力，形成实事求是的科学作风。
2. 通过对化学现象的认识，树立热爱化学、实事求是的科学态度。
3. 具有良好的职业道德、人际沟通能力和团队合作精神。
4. 具有严谨的学习态度、敢于创新的精神、勇于创新的能力。

三、教学内容和要求

教学内容	了解	熟悉	掌握	教学活动参考	教学内容	了解	熟悉	掌握	教学活动参考
绪论					一、卤素				
（一）化学研究的对象			√	理论讲授 研讨 多媒体演示	（一）氯气				理论讲授 研讨 多媒体演示
（二）化学发展简史	√				1. 氯气的组成和氯原子的结构		√		
（三）化学与医学的关系		√			2. 氯气的性质	√			
（四）学习化学的方法			√		（二）卤素元素				

续表

教学内容	教学要求			教学活动参考	教学内容	教学要求			教学活动参考
	了解	熟悉	掌握			了解	熟悉	掌握	
1. 卤素的原子结构及单质的物理性质		√		理论讲授研讨多媒体演示	（二）化学平衡				理论讲授研讨多媒体演示
2. 卤素单质的化学性质	√				1. 可逆反应和不可逆反应		√		
3. 卤离子的检验	√				2. 化学平衡			√	
二、物质结构和元素周期律					3. 化学平衡的移动	√			
（一）原子					五、电解质溶液				
1. 原子的组成			√		（一）弱电解质的电离平衡				
2. 同位素		√			1. 电解质与非电解质		√		
3. 原子核外电子排布的表示法	√			理论讲授研讨多媒体演示	2. 强电解质与弱电解质			√	
4. 原子结构与元素性质的关系			√		3. 弱电解质的电离平衡、电离度		√		
（二）元素周期律和元素周期表					（二）水的电离和溶液的酸碱性				
1. 元素周期律		√			1. 水的电离		√		理论讲授研讨多媒体演示
2. 元素周期表	√				2. 溶液的酸碱性和溶液的 pH			√	
（三）化学键					（三）盐类的水解				
1. 离子键		√			1. 盐类水解的概念			√	
2. 共价键			√		2. 不同类型盐的水解		√		
三、溶液					（四）缓冲溶液				
（一）物质的量					1. 缓冲作用和缓冲溶液		√		
1. 物质的量的概念及其单位			√		2. 缓冲溶液的组成			√	
2. 物质的量与基本单元数的关系		√			3. 缓冲作用原理	√			
3. 摩尔质量		√			六、烃				
4. 物质的量的有关计算	√				（一）有机化合物的概述				
（二）溶液的浓度				理论讲授研讨多媒体演示	1. 有机化合物和有机化学的概念		√		
1. 溶液的概念		√			2. 有机化合物的特性	√			
2. 溶液浓度的表示方法和计算			√		3. 有机化合物的结构			√	
3. 溶液浓度的换算		√			4. 有机化合物的分类		√		
4. 溶液的配制和稀释			√		（二）烷烃				理论讲授研讨多媒体演示
（三）溶液的渗透压					1. 烷烃的结构		√		
1. 渗透现象和渗透压		√			2. 烷烃的命名			√	
2. 渗透压与溶液浓度的关系			√		3. 烷烃的性质	√			
3. 渗透压在医学上的意义			√		（三）烯烃和炔烃				
四、化学反应速率和化学平衡				理论讲授研讨多媒体演示	1. 烯烃的概念和结构			√	
（一）化学反应速率					2. 炔烃的概念和结构			√	
1. 化学反应速率的概念和计算		√			3. 烯烃和炔烃的命名			√	
2. 影响化学反应速率的因素			√		4. 烯烃和炔烃的性质	√			

教学内容	教学要求			教学活动参考
	了解	熟悉	掌握	
（四）闭链烃				理论讲授 研讨 多媒体演示
1. 脂环烃	✓			
2. 芳香烃		✓		
七、醇、酚、醚				
（一）醇				
1. 醇的结构、分类和命名			✓	
2. 醇的性质		✓		
3. 常见的醇	✓			
（二）酚				理论讲授 研讨 多媒体演示
1. 酚的结构、分类和命名			✓	
2. 酚的性质		✓		
3. 常见的酚	✓			
（三）醚				
1. 醚的结构和命名			✓	
2. 常见的醚	✓			
八、醛和酮				
（一）醛和酮的结构、分类和命名				
1. 醛和酮的结构			✓	
2. 醛和酮的分类		✓		
3. 醛和酮的命名			✓	理论讲授 研讨 多媒体演示
（二）醛、酮的性质和常见的醛、酮				
1. 加成反应	✓			
2. 醛的特殊性质		✓		
3. 常见的醛、酮	✓			
九、羧酸和取代羧酸				
（一）羧酸				
1. 羧酸的结构、分类和命名			✓	
2. 羧酸的性质		✓		理论讲授 研讨 多媒体演示
3. 常见的羧酸	✓			
（二）取代羧酸				
1. 取代羧酸的结构和命名			✓	
2. 常见的羟基酸和酮酸	✓			
十、酯和油脂				理论讲授 研讨 多媒体演示
（一）酯				

教学内容	教学要求			教学活动参考
	了解	熟悉	掌握	
1. 酯的结构和命名			✓	
2. 酯的性质	✓			理论讲授 研讨 多媒体演示
（二）油脂				
1. 油脂的组成和结构		✓		
2. 油脂的性质	✓			
十一、糖类				
（一）单糖				
1. 单糖的结构			✓	
2. 单糖的性质		✓		
3. 常见的单糖	✓			
（二）双糖				理论讲授 研讨 多媒体演示
1. 蔗糖		✓		
2. 麦芽糖		✓		
3. 乳糖	✓			
（三）多糖				
1. 淀粉		✓		
2. 糖原		✓		
3. 纤维素	✓			
十二、杂环化合物和生物碱				
（一）杂环化合物				
1. 杂环化合物的概念		✓		
2. 杂环化合物的分类和命名		✓		理论讲授 研讨 多媒体演示
3. 常见的杂环化合物	✓			
（二）生物碱				
1. 生物碱的一般性质	✓			
2. 常见的生物碱	✓			
十三、氨基酸与蛋白质				
（一）氨基酸				
1. 氨基酸的结构、分类和命名			✓	理论讲授 研讨 多媒体演示
2. 氨基酸的性质	✓			
（二）蛋白质				
1. 蛋白质的元素组成和结构		✓		
2. 蛋白质的性质	✓			

四、教学大纲说明

（一）适用对象与参考学时

本教学大纲可供护理、助产、医学检验技术、口腔工艺技术、医学影像技术、眼视光技术、医学营养、医疗美容等专业使用。考虑到各校和各专业化学教学时数和教学内容有差别，特此提供了72学时和54学时两套教学分配方案，可酌情选用。

（二）教学要求

1. 本课程对理论教学部分要求有掌握、熟悉、了解三个层次。掌握是指对化学中所学的基本知识、基本理论具有深刻的认识，并能灵活地应用所学知识分析、解释生活现象。熟悉是指能够解释、领会概念的基本含义并会应用所学技能。了解是指能够简单理解、记忆所学知识。

2. 本课程突出以培养能力为本位的教学理念，在实践技能方面分为熟练掌握和学会两个层次。熟练掌握是指能够独立娴熟地进行正确的实践技能操作。学会是指能够在教师指导下进行实践技能操作。

（三）教学建议

1. 在教学过程中要积极采用现代化教学手段，加强直观教学，充分发挥教师的主导作用和学生的主体作用。注重理论联系实际，并组织学生开展必要的分析讨论，以培养学生的分析问题和解决问题的能力，使学生加深对教学内容的理解和掌握。

2. 实践教学要充分利用教学资源、分析讨论等教学形式，充分调动学生学习的积极性和主观能动性，强化学生的动手能力和专业实践技能操作。

3. 教学评价应通过课堂提问、布置作业、单元目标测试、分析讨论、期末考试等多种形式，对学生进行学习能力、实践能力和应用新知识能力的综合考核，以期达到教学目标提出的各项任务。

学时分配方案一：72学时建议

序号	教学内容	学时数		
		理论	实践	合计
0	绪论	1	2	3
1	卤素	3	2	5
2	物质结构和元素周期律	6	2	8
3	溶液	8	2	10
4	化学反应速率和化学平衡	4	2	6
5	电解质溶液	8	2	10
6	烃	8		8
7	醇、酚、醚	4	1	5
8	醛和酮	3	1	4
9	羧酸和取代羧酸	3	1	4
10	酯和油脂	2		2
11	糖类	3		3

序号	教学内容	学时数		
		理论	实践	合计
12	杂环化合物和生物碱	2	1	3
13	氨基酸和蛋白质	1		1
合计		56	16	72

附：八个化学实验

实验一：化学实验基本操作。　　　　实验二：卤素。

实验三：同周期、同主族元素性质的递变。实验四：溶液的配制和稀释。

实验五：化学反应速率与化学平衡。　　实验六：电解质溶液。

实验七：醇、酚、醛、酮的性质。　　　实验八：羧酸、糖类、蛋白质的性质

学时分配方案二：54 学时建议

序号	教学内容	学时数		
		理论	实践	合计
0	绪论	1		1
1	物质结构和元素周期律	5	2	7
2	溶液	8	2	10
3	电解质溶液	8	2	10
4	烃	8		8
5	醇、酚、醚	4	1	5
6	醛和酮	3	1	4
7	羧酸和取代羧酸	3		3
8	酯和油脂	2		2
9	糖类	3		3
10	杂环化合物和生物碱	1		1
合计		46	8	54

附：四个化学实验

实验一：化学实验基本操作。实验二：溶液的配制和稀释。

实验三：电解质溶液。　　实验四：醇、酚、醛、酮的性质。

自测题参考答案

绪　　论

一、名词解释
略

二、填空题
1. 无机化学；有机化学；分析化学；物理化学；生物化学；药物化学
2. 古代；近代；现代
3. 提出了分子假说；建立了原子论；发现了元素周期律
4. 普通文化课；重要的专业基础课

三、简答题
1. 答：化学是研究物质的组成、结构、性质及变化规律的基础自然科学。
2. 答：一要培养浓厚的学习兴趣；二要养成良好的学习习惯；三要掌握科学的学习方法。
3. 答：科学的学习方法一般包括制订计划、课前预习、专心上课、及时复习、独立作业、解决疑难、系统小结、课外学习八个环节。

（丁宏伟）

第1章　卤　　素

一、选择题
1. C　　2. D　　3. B　　4. A　　5. D　　6. C

二、填空题
1. ⅦA 族；氟；氯；溴；碘
2. 7；得到 1；–1；非金属
3. $Ca(ClO)_2$；$HClO$
4. $AgNO_3$ 溶液；稀 HNO_3
5. 黄绿；氯水
6. $F_2 > Cl_2 > Br_2 > I_2$；$HF > HCl > HBr > HI$

三、简答题
1. Cl_2 溶于水有 $HClO$ 生成，$HClO$ 有漂白作用。干燥的氯气中无 $HClO$，所以没有漂白作用。自来水厂可以用氯气进行杀菌消毒。因为 Cl_2 溶于水产生的 $HClO$ 有杀菌消毒作用。
2. 因为氯气可与碱反应，生成氯化物、次氯酸盐和水；可以，原因同前。
3. $F_2 > Cl_2 > Br_2 > I_2$　　相关化学方程式：

$$2NaBr + Cl_2 \rule[0.5ex]{1.5em}{0.4pt} 2NaCl + Br_2$$

$$2KI + Cl_2 = 2KCl + I_2$$
$$2KI + Br_2 = 2KBr + I_2$$

四、鉴别题

操作步骤及实验现象：分别取上述三种溶液各 2mL 放入三支干净的试管中，再分别滴加 $AgNO_3$ 溶液 5 滴，稍振摇，三支试管分别有白色、淡黄色、黄色沉淀生成。再向有沉淀生成的三支试管中滴加少量稀 HNO_3，各试管沉淀不消失。

$$NaCl + AgNO_3 = NaNO_3 + AgCl\downarrow（白色）$$
$$NaBr + AgNO_3 = NaNO_3 + AgBr\downarrow（浅黄色）$$
$$KI + AgNO_3 = KNO_3 + AgI\downarrow（黄色）$$

（陆　梅）

第 2 章　物质结构和元素周期律

一、名词解释
略

二、填空题

1. 原子核；电子；质子；中子

2. 质子；中子；同种；不同

3. 质量数；A；Z；$_Z^A X$

4. 16；7

5. 物质；相邻原子；强烈

6. 活泼的金属；活泼的非金属；非金属；非金属

7. 电子层数；金属性；非金属性

8. 最外层电子数；逐渐增强；逐渐减弱

9. 共价键；共用电子对；一个原子；另一个原子

三、选择题

1. A　　2. B　　3. D　　4. C　　5. A　　6. C　　7. B

（李　勤）

第 3 章　溶　液

一、名词解释
略

二、填空题

1. 56g/mol；0.5mol

2. 300g；6.02×10^{23}

3. 12.04×10^{23}；36g

4. 物质的量浓度；质量浓度；mol/L；g/L

5. 等渗溶液；低渗溶液；高渗溶液

6. 渗透浓度；等于；大于

三、选择题

1. C　　2. D　　3. C　　4. D　　5. D　　6. B　　7. C　　8. A　　9. A　　10. D　　11. B

四、简答题

1.（1）渗透方向由低渗的 50g/L 蔗糖向高渗的 50g/L 葡萄糖渗透；

（2）两者是等渗溶液，不发生渗透；

（3）渗透方向由低渗的 0.2mol/L 葡萄糖溶液向高渗的 0.2mol/L NaCl 溶液渗透；

（4）渗透方向由低渗的 0.2mol/L NaCl 溶液向高渗的 0.2mol/L $CaCl_2$ 溶液渗透。

2. 9g/L

3. 1mol/L

4. 产生渗透现象的条件是：一是有半透膜存在；二是半透膜两侧溶液有浓度差。

5. 不等于

五、判断题

1. √　　2. ×　　3. ×　　4. √　　5. ×

（丁宏伟）

第4章　化学反应速率和化学平衡

一、名词解释

略

二、填空题

1. 浓度；温度；压强；催化剂

2. 加深；正反应（或右）；变浅；逆反应（或左）

3. 左；正反应；正反应

4. 放热；气；液；固；减小；增大

三、选择题

1. C　　2. D　　3. C　　4. B　　5. D　　6. B　　7. A

四、计算题

$$v_B = \frac{c_1 - c_2}{t_2 - t_1} = \frac{1.0\text{mol}/\text{L} - 0.5\text{mol}/\text{L}}{5\text{s}} = 0.1\text{mol}/(\text{L}\cdot\text{s})$$

（冯文静）

第5章　电解质溶液

一、名词解释

略

二、填空题

1. 全部电离成；不可逆；强酸；强碱；绝大多数盐

2. 部分电离成；可逆；弱酸；弱碱

3. 氢离子浓度的负对数；$pH = -\lg c(H^+)$

4. 5；酸性；10^{-10}；碱性

5. CH_3COONa；CH_3COOH

6. 7.35～7.45；7.35；7.45；CH_3COONa；NH_4Cl

三、选择题

1. B　　2. A　　3. A　　4. D　　5. C　　6. C　　7. B　　8. D

四、计算题

1.（1）$pH = -\lg c(H^+) = -\lg \dfrac{K_W}{c(OH^-)} = -\lg \dfrac{10^{-14}}{0.1} = 13$

（2）$pH = -\lg c(H^+) = -\lg(1.0 \times 10^{-3}) = 3$

2. 解：设盐酸与氢氧化钠的等体积均为 $v(L)$。

$$HCl \quad + \quad NaOH == NaCl + H_2O$$
$$1mol \quad : \quad 1mol$$
$$0.01\,v（mol）\quad : \quad 0.01\,v（mol）$$

从式中可看出盐酸与氢氧化钠物质的量相等，恰好完全反应，无过量。溶液显中性，$pH = 7$。

（张自悟）

第6章　烃

一、名词解释

略

二、选择题

1. D　　2. B　　3. D　　4. C　　5. B　　6. A　　7. C　　8. A　　9. D　　10. C

三、填空题

1. 连接顺序；方式

2. 原子；原子团；代替

3. 双键；三键；原子；原子团

4. 高锰酸钾酸性溶液或溴水；饱和烃不褪色，不饱和烃褪色

5. 高锰酸钾酸性溶液；苯不褪色，甲苯褪色

四、写出下列物质或基团的结构式或结构简式

1. CH_4　　2. $CH_3—$　　3. $CH_3CH_2—$　　4. $\overset{|}{\underset{}{—C}}=\overset{|}{\underset{}{C—}}$　　5. $CH_2 = CH_2$

6. $—C≡C—$　　7. $CH≡CH$　　8. ⬡　　9. ⬡　　10. ⬡$—CH_3$

五、用系统命名法命名

1. 庚烷　　　　　2. 2,4-二甲基己烷　　　　　3. 2-甲基-4-乙基己烷

4. 3-甲基-1-戊烯　　5. 5-甲基-3-乙基-1-己烯　　6. 2-戊炔

7. 环戊烷　　　　8. 间二甲苯或1,3-二甲苯

（瞿川岚）

第7章　醇、酚、醚

一、名词解释

略

二、选择题

1. D　　2. A　　3. D　　4. D　　5. B　　6. B　　7. D　　8. C　　9. B　　10. D

11. B　　12. B

三、填空题

1. 羟基；醇羟基；酚羟基

2. 伯醇；仲醇；叔醇

3. 170；乙烯；140；乙醚

4. 木醇；木精；酒精气味

5. 无；加深

6. 邻甲酚；间甲酚；对甲酚；煤酚；来苏儿

四、写出下列物质结构式或者命名

1. CH_3CH_2OH

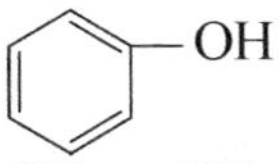

3. CH_3OH

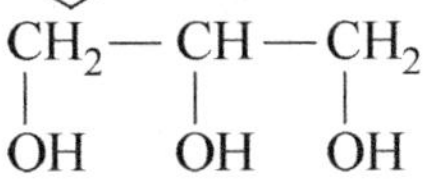

5.

7.

2.

4.

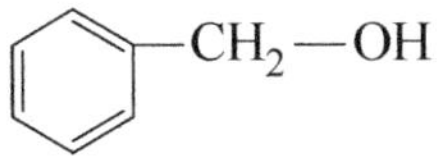

6. $CH_3—CH_2—O—CH_2—CH_3$

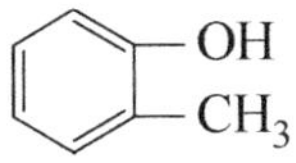

8.

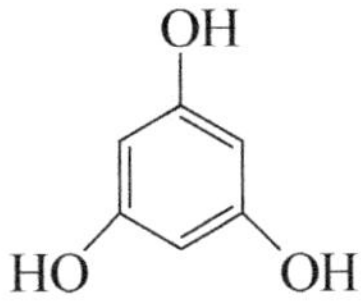

9. 3-甲基戊醇

11. 对甲酚

13. 连苯三酚

15. 甲乙醚

10. 4-甲基-2-戊醇

12. 邻苯二酚

14. 苯甲醚

（栗　源）

第8章　醛　和　酮

一、名词解释

略

二、填空题

1. 羰；$—\overset{O}{\overset{\|}{C}}—$；醛

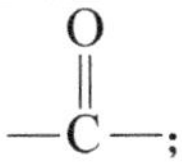

2. 还原反应；醛；酮

3. 脂肪；芳香

4. 蚁醛；福尔马林；消毒剂；防腐剂

三、选择题

1. B　　2. C　　3. D　　4. D　　5. A

四、写出下列物质的结构简式或名称

1. $H_3C—CHO$

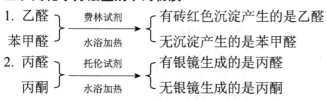

2. $\begin{matrix} & O \\ & \parallel \\ H_3C—C—CH_3 \end{matrix}$

3.
![苯甲醛]—CHO

4. $\begin{matrix} CH_3 & O \\ | & \parallel \\ CH_3—CH—C—CH_2—CH_3 \end{matrix}$

5.
![苯]$CH_3—CH—CH_2—CHO$

6. 3-甲基-2-乙基丁醛

7. 苯乙酮

8. 环己甲醛

9. 5,5-二甲基-3-乙基-2-己酮

10. 邻甲基苯甲醛

五、用化学方法鉴别下列物质

1. 乙醛 / 苯甲醛 —费林试剂，水浴加热→ 有砖红色沉淀产生的是乙醛 / 无沉淀产生的是苯甲醛

2. 丙醛 / 丙酮 —托伦试剂，水浴加热→ 有银镜生成的是丙醛 / 无银镜生成的是丙酮

（郭　敏）

第9章　羧酸和取代羧酸

一、名词解释

略

二、填空题

1. 弱酸；变红；羧酸盐和水

2. 羟基；氢原子；可逆反应；水解反应

3. 邻羟基苯甲酸；酚羟；紫；阿司匹林；解热镇痛

4. 蚁酸；醛；羧；还原；托伦试剂；费林试剂；褪色

5. 氢；原子团；卤代酸；羟基酸；酮酸；氨基酸

6. 乳酸；丙酮酸

三、选择题

1. C　　2. A　　3. D　　4. A　　5. B　　6. B　　7. C　　8. D　　9. A　　10. D

四、用化学方法鉴别下列各组物质

1. 甲酸 / 乙酸 —费林试剂，水浴加热→ 有砖红色沉淀产生的是甲酸 / 无沉淀产生的是乙酸

2. 苯甲酸 / 水杨酸 —$FeCl_3$溶液→ 没有紫红色现象是苯甲酸 / 有紫红色现象的是水杨酸

3. 乙酸 ⎱ ────溴水────→ ⎰ 没有白色沉淀产生的是乙酸
　 苯酚 ⎰ 　　　　　　　　 ⎱ 有白色沉淀产生的是苯酚

（舒　雷）

第 10 章　酯 和 油 脂

一、名词解释

略

二、填空题

1. 油；脂肪；甘油；高级脂肪酸；油脂；液；固；脂肪

$$
\begin{array}{c}
\qquad\qquad\qquad\quad\; O \\
\qquad\qquad\qquad\quad\; \| \\
CH_2-O-C-R_1 \\
\qquad\qquad\qquad\quad\; O \\
\qquad\qquad\qquad\quad\; \| \\
CH-O-C-R_2 \\
\qquad\qquad\qquad\quad\; O \\
\qquad\qquad\qquad\quad\; \| \\
CH_2-O-C-R_3
\end{array}
$$

2. $R-\overset{\overset{\displaystyle O}{\|}}{C}-O-R'$；

3. $CH_3COOC_2H_5$；　　　苯甲酸甲酯

三、选择题

1. C　　2. D　　3. D　　4. D　　5. B

四、简答题

1. 答：在室温下，通常呈液态的油脂简称为油，如花生油、芝麻油、豆油、菜籽油等植物油脂；通常呈固态的油脂称为脂肪，如牛脂、羊脂等动物油脂。可以通过油脂的氢化反应将植物油转变为脂肪。

2. 答：天然油脂在空气中放置过久，就会变质，产生难闻的气味，这个过程称为酸败。酸败的油脂不能食用。为防止油脂的酸败，必须将油脂保存在低温、避光的密闭容器中。酸败的主要原因是空气中的氧、水分或微生物的作用，使油脂中的不饱和脂肪酸的双键部分被氧化成过氧化物，此过氧化物继续氧化或分解产生有臭味的低级醛、酮和羧酸等化合物。

五、命名下列化合物

1. 乙酸丙酯　　　　　　　　　　　　2. 苯甲酸苄酯

3. 丙酸乙酯　　　　　　　　　　　　4. 油酸甲酯

5. 三硬脂酸甘油酯

（张春梅）

第 11 章　糖　　类

一、名词解释

略

二、选择题

1. C　　2. A　　3. B　　4. D　　5. B　　6. A　　7. C

三、填空题

1. 手性碳原子或不对称碳原子

2. 班氏试剂；砖红色沉淀

3. 葡萄糖；果糖；核糖；脱氧核糖

4. 蔗糖；麦芽糖；乳糖

5. 还原糖；非还原糖

6. 4；3

7. D 构型；L 构型；α 型；β 型

四、问答题

1. 答：在人体或动物体的生命过程中，葡萄糖是新陈代谢中不可缺少的营养物质，也是运动所需能量的重要来源。

2. 答：用下列化学试剂依次鉴别：①碘：淀粉显蓝色，其他无色；②费林试剂：显红色或黄色的为核糖、葡萄糖、果糖，不显色的为蔗糖；③溴水：果糖呈阴性；④HCl 和甲基间苯二酚核糖显绿色，葡萄糖不显色。

3. 答：能被碱性弱氧化剂（如班氏试剂、费林试剂等）氧化的糖为还原糖，反之为非还原糖。结构区别：还原糖含有游离的半缩醛羟基，非还原糖则无。

4. 答：麦芽糖和蔗糖在组成、结构和性质上都有区别。麦芽糖是由 2 分子葡萄糖以 α-1,4 糖苷键结合而成的，分子中含有游离的半缩醛羟基，具有还原性。而蔗糖分子是由 1 分子葡萄糖和 1 分子果糖以 α-1,2-β 糖苷键结合而成的，分子中不含游离的半缩醛羟基，无还原性，因此可用班氏试剂鉴别，有砖红色沉淀的为麦芽糖，没有砖红色沉淀的为蔗糖。

（罗海洋）

第 12 章　杂环化合物和生物碱

一、名词解释

略

二、填空题

1. 五；六；一个；两个或两个以上；单杂环；稠杂环

2.

3. 碱；酸；盐

三、选择题

1. A　　2. D　　3. D　　4. C

四、简答题

略

（张春梅）

第 13 章　氨基酸与蛋白质

一、名词解释

略

二、填空题

1. 羧基；氨基；两性

2. 羧；氨

3. 多肽链；排列顺序

4. 紫外线、X射线、加热、高压、超声波；强酸、强碱、重金属盐、乙醇、苯酚

三、选择题

1. C　　2. D　　3. A　　4. B　　5. C　　6. B　　7. A

（侯晓红）